ZEITSCHRIFT FÜR ANGEWANDTE GEOLOGIE

HERAUSGEGEBEN VOM
ZENTRALEN GEOLOGISCHEN INSTITUT
IM AUFTRAG DES
STAATSSEKRETARIATS FÜR GEOLOGIE

AUS DEM INHALT

AKADEMIE-VERLAG · BERLIN

BAND 17 / HEFT 4
APRIL 1971
SEITE 113–160

Die ZEITSCHRIFT FÜR ANGEWANDTE GEOLOGIE berichtet ständig über folgende Arbeitsgebiete: Geologische Grundlagenforschung und Lagerstättenforschung / Methodik der geologischen Erkundung / Ökonomie und Planung der geologischen Erkundung / Technik der geologischen Erkundung / Geologie und Lagerstättenkunde im Ausland. In der Zeitschrift können alle strittigen Fragen der praktischen Geologie behandelt werden. Die Autoren übernehmen für ihre Aufsätze die übliche Verantwortung.

ZEITSCHRIFT FÜR ANGEWANDTE GEOLOGIE

Träger der Ehrennadel in Gold der Gesellschaft für Deutsch-Sowjetische Freundschaft

KOLLEKTIVE CHEFREDAKTION

Dr. K. KAUTER (Redaktionssekretär)
Prof. Dr. F. STAMMBERGER
Dr. habil. G. TISCHENDORF

BAND 17 · APRIL 1971 · HEFT 4

25 Jahre Sozialistische Einheitspartei Deutschlands

Nach der Befreiung des deutschen Volkes aus der faschistischen Barbarei durch die ruhmreiche Sowjetarmee nahmen vielerorts Kommunisten und Sozialdemokraten die Arbeit gemeinsam auf. Genosse WALTER ULBRICHT stellte dazu auf der Sitzung der Kommission zur Vorbereitung des 25. Jahrestags der SED fest: „Für die Kommunisten und Sozialdemokraten, die damals aus eigener Initiative die Zusammenarbeit entfalteten, war die Einheit der Arbeiterklasse die einzig mögliche Konsequenz aus dem gemeinsam geführten Kampf gegen den Faschismus, aus den gemeinsamen Leiden in Zuchthäusern und Konzentrationslagern."

Ein Vierteljahrhundert Sozialistische Einheitspartei Deutschlands sind 25 erfolgreiche Jahre des sozialistischen Aufbaus in der DDR unter der Führung der Partei der Arbeiterklasse. Als sich die beiden Arbeiterparteien, die Kommunistische Partei Deutschlands und die Sozialdemokratische Partei Deutschlands, auf dem Territorium der damaligen sowjetischen Besatzungszone Deutschlands am 21. 4. 1946 zur Sozialistischen Einheitspartei Deutschlands vereinigten, wurden damit die Lehren aus der geschichtlichen Vergangenheit gezogen.

Gegenwärtig, ein Vierteljahrhundert nach Gründung der SED und inmitten der Vorbereitung auf ihren VIII. Parteitag, fühlen wir zutiefst die Wahrheit der Worte des Genossen WALTER ULBRICHT, daß die SED die einzige deutsche Partei ist, die ihr Programm verwirklicht hat.

Es ist eine erfolgreiche Entwicklung, die wir unter der Führung der SED in allen Bereichen unseres Lebens, so auch auf dem Gebiet der geologischen Erkundung und der geologischen Wissenschaften, vollzogen haben. Der Volkswirtschaft der DDR konnten neue Lagerstätten an Kohlenwasserstoffen, Metallen, Steinen und Erden sowie Grundwasser übergeben werden.

Die gesamte geologische Forschung und Erkundung hat in dieser Zeit einen grundsätzlichen Wandel erfahren. Es wurde ein Maß an Konzentration der Kräfte erreicht, wie es nie zuvor erreicht werden konnte. Die Partei- und Staatsführung hat dieser Aufgabe stets die gebührende Beachtung gewidmet, wie das z. B. auch in der Rede des Vorsitzenden des Staatsrates der DDR, Genossen WALTER ULBRICHT, zum 200jährigen Bestehen der Bergakademie Freiberg zum Ausdruck kam.

Unter der Führung und dem Einfluß der SED hat sich gleichfalls eine grundsätzliche Änderung im Denken unserer Menschen vollzogen. In zunehmendem Maße wurden die volkswirtschaftlichen Aspekte zur Grundlage wissenschaftlicher Konzeptionen und der unmittelbaren Forschungs- und Erkundungspraxis. Die früher vor allem in der Geologie recht weit verbreitete Einzeltätigkeit wurde abgelöst durch das Wirken großer und komplex zusammengesetzter Kollektive.

Mit der Sowjetunion hat sich eine enge und umfassende Zusammenarbeit entwickelt. Es waren und sind stets aufs neue die sowjetischen Genossen, die uns ihre Hilfe geben, die mit uns gemeinsam arbeiten, die für uns beste Freunde und Genossen sind.

25 erfolgreiche Jahre unter der Führung der SED stellen eine wahrhaft stolze Bilanz dar, und schon sind die neuen Richtpunkte abgesteckt, richtet sich unser Blick auf die Aufgaben im Perspektivplanzeitraum, sind die Fernziele markiert. Die SED hat uns gelehrt, den Blick nach vorn zu richten, uns ständig neue, höhere Aufgaben zu stellen, prognostisch zu denken und zu planen.

Wenn wir heute ein erfolgreiches, siegreiches Vierteljahrhundert unter Führung der Sozialistischen Einheitspartei Deutschlands würdigen, sind wir stolz auf diese Entwicklung und gehen voller Optimismus, Mut und Tatkraft an die Bewältigung der künftigen Aufgaben unter der weisen und vorausschauenden Führung der Partei.

Der gegenwärtige Stand der Erdöl- und Erdgasressourcen in der UdSSR

G. DIKENSCHTEJN, Moskau

Hinsichtlich der Erdölförderung (328 Mill. t im Jahre 1969) und der Erdgasförderung (183 Mrd. m³ im selben Jahre) nimmt die Sowjetunion in der Welt den zweiten Platz hinter den USA ein.

Die Differenz in der Erdöl- und Erdgasförderung zwischen der UdSSR und den USA nimmt stetig ab. Das bildet die reale Grundlage für die Annahme, daß bereits nach wenigen Jahren die UdSSR hinsichtlich der Förderung dieser mineralischen Rohstoffe den ersten Platz in der Welt einnehmen wird. Besonders rasch entwickelte sich die erdöl- und erdgasfördernde Industrie in der UdSSR im letzten Jahrzehnt. In den Jahren 1959 bis 1969 wurden 2,3 Mrd. t Erdöl oder mehr als die Hälfte (55%) des Erdöls gefördert, das in den hundert Jahren des Bestehens der Erdölindustrie gewonnen wurde. In den letzten zehn Jahren wurde in der Hauptsache eine gewaltige Erdgasförderindustrie geschaffen. Das Wachstum der Erdöl- und Erdgasförderung belegen die folgenden Zahlen:

Jahr	Erdöl (Mill. t)	Erdgas (Mrd. m³)
1929	13,9	0,5
1937	27	3,4
1950	38	6,2
1960	148	47
1969	328	183

Das erreichte Entwicklungstempo der erdöl- und erdgasfördernden Industrie hängt mit großen Entdeckungen und mit der Schaffung neuer großer erdöl- und erdgasführender Provinzen und Gebiete, sowohl im europäischen Teil der UdSSR als auch in Sibirien, Mittelasien und Kasachstan, zusammen. Prinzipiell neue Daten wurden auch im Bereich von Territorien mit bereits entwickelter erdöl- und erdgasfördernder Industrie erhalten, so im Aquatorium von Aserbaidshan, in Westturkmenien, im Timan—Petschora-Gebiet, in der Wolga—Ural-Provinz, im nördlichen Kaukasusvorland, in der Ukraine und in anderen Gebieten, in denen neue große Erdöl- und Erdgaslagerstätten nachgewiesen wurden.

Diese Entdeckungen haben die realen Voraussetzungen für eine weitere beschleunigte Entwicklung der Erdöl- und Erdgasförderung sowie eine grundlegende Veränderung der geographischen Verteilung der erdöl- und erdgasfördernden Industrie geschaffen. Während nach dem Stand vom 1. 1. 1959 95,5% der Erdölvorräte und 74,7% der Erdgasvorräte der industriellen Kategorien ($A + B + C_1$) im europäischen Teil der UdSSR konzentriert waren, sanken nach dem Stand vom 1. 1. 1968 der Anteil der Erdölvorräte hier auf 60,9%, der Anteil der Erdgasvorräte auf 23%, bei absoluter Erhöhung der Erdöl- und Erdgasvorräte im europäischen Teil der UdSSR. Daher wurden reale Voraussetzungen für eine wesentliche Veränderung der Standortverteilung der erdöl- und erdgasfördernden Industrie und die Schaffung neuer großer Zentren in den östlichen Gebieten des Landes geschaffen. Die Folge davon wird offensichtlich eine noch schnellere Nutzung der kolossalen und verschiedenartigen Naturressourcen der weiten Räume Sibiriens und des Fernen Ostens sein.

Die geologischen Erkundungsarbeiten auf Erdöl und Erdgas werden auf breiter Front betrieben. Für das Aufsuchen und die Erkundung von Erdöl- und Erdgaslagerstätten werden jährlich 1,2 bis 1,3 Mrd. Rubel verausgabt, was 50% der Aufwendungen für die geologischen Erkundungsarbeiten auf sämtliche mineralischen Rohstoffe ausmacht. Jährlich wird damit begonnen, etwa 250 neue Felder durch tiefe Erkundungsbohrungen abzubohren, während sich gleichzeitig etwa 700 Felder in diesem Erkundungsprozeß befinden; für tiefe Erkundungsbohrungen werden jährlich etwa 400 Strukturen vorbereitet.

Gegenwärtig sind in der UdSSR 1300 Erdöl- und Erdgaslagerstätten entdeckt, davon 60% Erdöllagerstätten, 20% Erdgaslagerstätten, 10,8% Gas-Öl-Lagerstätten und 9,2% Gaskondensatlagerstätten. Nach den erkundeten Erdöl- und Erdgasvorräten nimmt die Sowjetunion einen der vordersten Plätze in der Welt ein, nach den prognostischen Vorräten den ersten Platz. Eine Analyse der Verteilung der erkundeten Erdöl- und Erdgasvorräte zeigt, daß die Hauptvorräte in einer relativ geringen Anzahl von großen Lagerstätten konzentriert sind. Etwa 10% der Gesamtanzahl der Erdgaslagerstätten enthalten 80 bis 85% aller erkundeten Erdgasvorräte; eine analoge Lage ist auch bei der Analyse der Erdölvorräte zu verzeichnen. 24 der größten Erdöllagerstätten enthalten 54% aller Erdölvorräte, während 32 der größten Erdgaslagerstätten 66% der Erdgasvorräte enthalten.

Die Gesamtfläche der perspektivischen Gebiete in der Sowjetunion beträgt 11,3 Mill. km² oder 53% des Gesamtterritoriums des Landes. Die Gesamtfläche der perspektivischen Gebiete der Erdkugel hat eine Größe von 30 Mill. km²; daher entfällt auf den Anteil der UdSSR ein Drittel dieser Gesamtfläche.

Im Jahre 1968 wurde von einer großen Gruppe führender Geologen der wissenschaftlichen Forschungs- und der Produktionsorganisationen eine Einschätzung der Prognose der Erdöl- und Erdgasführung der Sowjetunion vorgenommen und eine entsprechende Karte im Maßstab 1:5000000 angefertigt. In der UdSSR

Eingang des Manuskripts in der Redaktion: 19. 8. 1970.
Übers.: W. OESTREICH, Berlin.
Originaltitel: Sowremennoje sostojanije neftjanych i gasowych resursow w SSSR.
Zwischenüberschriften von der Redaktion.

werden die folgenden großen erdöl- und erdgasführenden Provinzen unterschieden: Wolga—Ural-Provinz, Kaspische Provinz, Dnepr—Pripjet-Provinz, Nordkaukasusvorland-Provinz, Südkaspische Provinz, Mittelasiatische Provinz, Westsibirische Provinz; erdöl- und erdgasführende Gebiete: Timan—Petschora-Gebiet, Karpatenvorland-Gebiet, Lena—Wiljui-Gebiet, Sachalin-Gebiet; selbständige erdöl- und erdgasführende Rayons: Baltischer Rayon, Krim-Rayon, Lena—Angara-Rayon sowie der Rayon von Lwow; ferner werden perspektivische Territorien unterschieden, in denen Erdöl- und Erdgaslagerstätten mit industrieller Bedeutung bisher noch nicht entdeckt wurden: die zentralen Rayons der Russischen Tafel, die Tunguska-Syneklise, die intramontanen Senken des Fernen Ostens und Ostsibiriens u. a.

Die Westsibirische Provinz,

die in den letzten Jahren entdeckt wurde, ist eine der größten erdöl- und erdgasführenden Provinzen der Sowjetunion und der Welt überhaupt. Im Zusammenhang mit den außerordentlich schwierigen natürlichen und klimatischen Verhältnissen (Taiga, Sümpfe, Tundra) bereitete die Untersuchung ihres geologischen Tiefenbaus und der Perspektiven ihrer Erdöl- und Erdgasführung große Schwierigkeiten.

Auf dem Territorium Westsibiriens

wurden in großem Umfang komplexe regionale Arbeiten einschließlich geophysikalischer Untersuchungen, Basis- und Parameterbohrungen durchgeführt. Durch diese Arbeiten konnten die Grundzüge des geologischen Baues dieses Territoriums erkannt und im weiteren die Untersuchungsarbeiten auf die perspektivischsten Territorien konzentriert werden. Gegenwärtig sind innerhalb der Westsibirischen erdöl- und erdgasführenden Provinz ca. 120 Erdöl- und Erdgaslagerstätten nachgewiesen. Dieses Territorium ist durch eine einzigartig hohe Konzentration von Vorräten und durch große Dimensionen der Lagerstätten, wie Mamontowskoje, Sosninsko-Sowjetskoje, Pradwinskoje, Samotlorskoje u. a., gekennzeichnet. Besonders bedeutungsvoll war die Entdeckung von Erdgasriesenlagerstätten wie Urengoj, deren Vorräte sich allein in den cenomanen Schichten auf 2,6 Billionen m³ beziffern, Sapoljarnoje mit 1,5 Billionen m³, Medweshjeje mit 1,0 Billion m³ u. a. im Norden des Gebietes Tjumen. Vor kurzer Zeit wurde auf der Halbinsel Jamal die Erdgaslagerstätte Arktitscheskoje entdeckt, die innerhalb der Sowjetunion am nördlichsten liegt. Auf der Lagerstätte Urengoj liegen die wichtigsten produktiven Horizonte in einer Teufe von 1300 bis 1600 m. Die absoluten freien Erdgasförderraten in den Bohrungen erreichen 10 bis 11 Mill. m³ pro Tag. In der Westsibirischen erdöl- und erdgasführenden Provinz sind jurassische und kretazische Schichten produktiv.

Gegenwärtig ist bereits eine Reihe von Erdöl- und Erdgasleitungen gebaut und in Betrieb genommen worden; projektiert wird der Bau einer Höchstleistungserdgasleitung aus den nördlichen Gebieten Westsibiriens in die Gebiete des europäischen Teiles des Landes; geplant ist auch der Bau neuer Erdölleitungen. Unlängst wurde ein spezieller Beschluß des ZK der KPdSU und des Ministerrats der UdSSR „Über Maßnahmen zur beschleunigten Entwicklung der Erdölförderindustrie in Westsibirien" gefaßt. Dieser Beschluß sieht vor, die Erdölförderung im Jahre 1975 auf 100 bis 120 Mill. t und im Jahre 1980 auf 230 bis 260 Mill. t zu steigern.

Interessant ist folgende Feststellung: Die meisten Wissenschaftler gelangen zu der Ansicht, daß kohleführende Formationen der Kreide die Erdgasmuttergesteine für diese einzigartigen Erdgaslagerstätten im nördlichen Teil Westsibiriens sind. Auf dem Territorium Nordwesteuropas werden ebenfalls kohleführende Formationen des Karbons als wichtigste Erdgasmuttergesteinsfolgen für die Formierung der großen Erdgaslager im Rotliegenden angenommen.

Mittelasiatische Provinz

Von großer Bedeutung ist die Entwicklung der neuen erdöl- und erdgasführenden Provinz in den westlichen Gebieten Mittelasiens auf dem Territorium der Usbekischen SSR, der Turkmenischen SSR und der angrenzenden Gebiete Westkasachstans. Erhebliche Räume dieses Territoriums werden von den Sandwüsten Karakum und Kysylkum eingenommen. Die klimatischen und physisch-geographischen Verhältnisse sind für die Durchführung der geologischen Erkundungsarbeiten äußerst schwierig. Dort herrscht ein langer heißer Sommer mit Lufttemperaturen bis +45 °C. Auf diesem Territorium mit einer Gesamtfläche von über 1 Mill. km² wurden die Perspektiven der Erdöl- und Erdgasführung methodisch prinzipiell neu eingeschätzt. Es wurde ein Programm der komplexen regionalen Untersuchungen und der wissenschaftlichen Bearbeitung der Materialien ausgearbeitet, dessen Ergebnisse bereits während der Durchführung dieser Arbeiten die Möglichkeit gaben, den Hauptanteil der erforderlichen geophysikalischen Arbeiten sowie des Tief-, Parameter- und Erkundungsbohrens in den aussichtsreichsten Gebieten zu konzentrieren. In sehr kurzer Zeit wurden umfangreiche Erdgaslagerstätten entdeckt — Gasli und andere —, auf deren Grundlage eine große Erdgasleitung in den Ural gebaut und in Betrieb genommen werden konnte; ferner wird der Bau der superstarken Erdgasleitung Mittelasien—Zentrum beendet. In den letzten Jahren wurden dort neue große Erdgaslagerstätten entdeckt: Atschak, Bairam-Ali, Schachitli, Urta-Bulak und viele andere. Die Erdgasvorräte in der Lagerstätte Gasli werden auf 500 Mrd. m³, die der unlängst entdeckten Erdgaslagerstätte Schachitli auf 400 Mrd. m³ geschätzt. Die Entdeckung der großen Erdöllagerstätten Usenj, Shetybai und anderer in Südmangyschlak gestattete hier den Aufbau einer Erdölförderbasis.

Die wichtigsten produktiven Horizonte der Mittelasiatischen erdöl- und erdgasführenden Provinz hängen mit jurassischen und kretazischen Schichten zusammen. In den östlichen Gebieten Turkmeniens und den westlichen Gebieten Usbekistans wurden, große Erdgasvorräte in subsalinaren jurassischen Ablagerungen nachgewiesen, während das Salinar eine ausgezeichnete Abschirmung über den Erdgaslagern darstellt. Die produktiven Horizonte auf den verschiedenen Lagerstätten liegen in Teufen von 1200 bis 4000 m.

Neue große Erdöllagerstätten wurden in Aserbaidshan sowohl im Bereich des Festlands als auch besonders im Aquatorium entdeckt, ferner in Westturkmenien Barsa-Keljmes, Kotur-Tepe und andere. Die größte Lagerstätte, die in den letzten Jahren in Westturkmenien entdeckt wurde — Kotur-Tepe —, wurde zu Ehren W. I. LENINs Lenin-Lagerstätte benannt.

Die Wolga—Ural- erdöl- und erdgasführende Provinz

ist gegenwärtig das wichtigste Erdölfördergebiet und liefert zwei Drittel der gesamten Jahresförderung der UdSSR. Hier wurden große Erdöllagerstätten nachgewiesen: Romaschkino, Arlanskoje, Muchanowskoje, Kuleschowskoje und viele andere. Insgesamt sind in dieser Provinz 650 Lagerstätten nachgewiesen worden, davon 520 Erdöllagerstätten. Erst in den letzten Jahren wurden hier neue große Lagerstätten von Erdöl und Erdgas in den Gebieten Perm und Orenburg sowie im südlichen Teil des Gebiets Kuibyschew gefunden. Besonders zu unterstreichen ist die Entdeckung der großen Erdgaslagerstätte „Orenburgskoje" im Jahre 1967 in der Nähe der Stadt Orenburg. Das Erdgaslager ist 100 km lang und etwa 20 km breit; das erdgasführende Stockwerk hat eine Mächtigkeit von 450 m, die Teufe bis zum produktiven Horizont beträgt 1200 bis 1900 m. Produktiv sind hier unterpermische Schichten; die Abschirmung über dem Lager bildet eine mächtige salzführende Folge des gleichen Alters. Die bereits erkundeten Erdgasvorräte dieser Lagerstätte betragen 1,3 Billionen m³. Im Gebiet Orenburg wurden in devonischen Schichten intensive Gasanzeichen aus einer Teufe von 5500 m erhalten (das Feld von Taschla). In den Gebieten Wolgograd und Saratow konnte eine Reihe von Lagerstätten nachgewiesen werden, die begrabenen Aufragungen des Fundaments folgen. Diese Entdeckungen zeugen von den großen Perspektiven der Erdöl- und Erdgasführung der subsalinaren Ablagerungen in der gesamten Randzone der Kaspi-Senke.

Gebiet Timan—Petschora

Besonders hervorgehoben werden muß die Entdeckung einer Reihe von Lagerstätten im erdöl- und erdgasführenden Gebiet von Timan—Petschora. Hier konnte man eine ganze Reihe großer Lagerstätten von Erdöl und Erdgas nachweisen, von denen der Gaskondensatlagerstätte Wuktyl besondere Bedeutung zukommt; ihre erkundeten Vorräte übersteigen 500 Mrd. m³; sie folgt ebenfalls subsalinaren Ablagerungen des unteren Perms.

Nordkaukasusvorland-Provinz

Die Entdeckung hochproduktiver Erdöl- und Erdgaslagerstätten in mesozoischen Schichten im Nordkaukasus ist ein wichtiges Ergebnis der Erkundungsarbeiten der letzten Jahre. Die Erdölförderindustrie des Nordkaukasus hat eine über hundertjährige Geschichte. So lange fördert man bereits Erdöl und Erdgas im Gebiet von Krasnodar, in dem die erste Bohrung Rußlands niedergebracht wurde. Etwas später entstand die Erdölindustrie im Rayon Grosny, und vor sechzig Jahren begann man in Daghestan Erdöl zu fördern. Einige Geologen äußerten bereits die Ansicht, daß die Erdölvorräte im Nordkaukasus erschöpft seien. Jedoch wurde allein im letzten Jahrzehnt hier, praktisch neu, eine große erdöl- und erdgasführende Industrie geschaffen. In bezug auf die Höhe der Erdölförderung nimmt die Nordkaukasische erdöl- und erdgasführende Provinz nach dem Ural—Wolga-Gebiet und Aserbaidshan den dritten Platz in der Sowjetunion und hinsichtlich der erkundeten Erdgasvorräte und der Erdgasförderung einen der führenden Plätze ein. Besonders bezeichnend ist die Entdeckung hochproduktiver Erdöllagerstätten, wie Malgobek—Wosnessenskoje, Oktjabrskoje, Stary Grosny u. a. in der Tschetscheno-Inguschischen ASSR. Die Entdeckung dieser Lagerstätten gestattete, die Erdölförderung im Rayon Grosny stark zu erhöhen und jährlich auf 11 bis 11,5 Mill. t zu bringen.

In der Ukraine

wurden in den letzten Jahren über 40 Lagerstätten von Erdöl und Erdgas entdeckt. Die Dnepr—Donez-Senke und die Karpatenvortiefe liefern heute ein Viertel des im Lande geförderten Erdgases. Insgesamt konnten in der Ukraine über 90 Erdöl- und Erdgaslagerstätten aufgefunden werden. Die erkundeten Erdgasvorräte beziffern sich auf 750 Mrd. m³; die Erdölvorräte gestatten, die Förderung bis auf 11 Mill. t zu bringen. Am aussichtsreichsten ist die Dnepr—Donez-Senke. Prinzipiell bedeutungsvoll waren die Ergebnisse, die man in den letzten Jahren im zentralen Teil der Senke bei der Untersuchung der Erdöl-Erdgas-Führung des Karbons in großen Teufen erhielt. Auf den Lagerstätten Glinsko—Rosbyschewskoje, Tschishewskoje, Solochowskoje und anderen traten aus Horizonten in Teufen von 3400 bis 4500 m gewaltige Erdöl- und Erdgaseruptionen auf.

Im südöstlichen Teil der Dnepr—Donez-Senke wurde in den subsalinaren Ablagerungen des unteren Perms und des Karbons eine Reihe großer Erdgaslagerstätten entdeckt. Die bedeutendste Erdgaslagerstätte ist Schebelinka, auf deren Basis in der Ukraine eine große Erdgasförderindustrie entstand. Die vor kurzem entdeckte und erkundete Lagerstätte Jefremowskoje enthält Vorräte von über 120 Mrd. m³. In diesem Gebiet wurde eine Reihe großer Erdgaslagerstätten nachgewiesen, die subsalinaren Unterperm- und Karbon-Ablagerungen in paläozoischen Strukturen zwischen den Salzstöcken folgen.

Im Gebiet Charkow wurde eine große Erdgaslagerstätte — Sapadno—Krestischtschenskoje — festgestellt, deren produktive Horizonte im Oberkarbon liegen. Nach vorläufigen Daten belaufen sich die Erdgasvorräte dieser Lagerstätte auf 50 Mrd. m³.

Dnepr—Pripjet-Provinz

Große prinzipielle Bedeutung hat die Entdeckung von Erdöllagerstätten in der Belorussischen SSR, im Bereich der Pripjet-Senke. Gegenwärtig sind hier die

Lagerstätten Retschiza, Tischkowskoje, Ostaschkowitschi, Wischanskoje und Dawydowskoje nachgewiesen. Die Tagesförderraten der Bohrungen betragen Hunderte von Tonnen. Die Geschichte des Ablaufs der Erkundungsarbeiten in der Belorussischen SSR ist sehr lehrreich. Im Jahre 1953 stellte sich hier der erste Erdölzufluß auf dem Feld von Jelj ein. Doch ungeachtet dessen, daß die folgenden geologischen Erkundungsarbeiten lange Zeit keine positiven Ergebnisse lieferten, erlaubte die tiefgründige wissenschaftliche Analyse der geologischen Situation, die Perspektiven der Erdöl- und Erdgasführung dieses Territoriums mit Sicherheit hoch zu bewerten und die Richtung der Arbeiten zu bestimmen, was auch seine Bestätigung in der Entdeckung der genannten Lagerstätten fand. Hier entsteht eine große Erdölförderindustrie. Besonders wichtig ist der Umstand, daß die Lagerstätten unmittelbar an der Trasse der Erdölleitung „Freundschaft" und in der Nähe der Erdölverarbeitungswerke liegen.

Baltischer Rayon

Von großem Interesse ist die Entdeckung industrieller Erdöllagerstätten im Baktikum (Litauen, Lettland, Gebiet Kaliningrad) aus unterpaläozoischen Schichten (Kambrium—Ordovizium). Dieses Territorium ist ein Teil der großen Baltischen Senke, die sich in das Aquatorium der Ostsee und in die nördlichen Gebiete der Volksrepublik Polen hinein fortsetzt. Die Senke ist mit einer mächtigen Folge von Sedimenten des Kambriums, Ordoviziums und Silurs ausgefüllt.

In den Jahren 1966 bis 1968 wurden auf der Struktur Gargshdai in der Litauischen SSR aus einer Teufe von 1965 bis 1980 m Erdölzuflüsse aus kambrischen Sandsteinen mit Tagesförderraten bis zu 45 t erhalten. Im Jahre 1968 trat im Gebiet Kaliningrad auf der Struktur Krasnobor ebenfalls aus kambrischen Schichten im Intervall von 1930 bis 1950 m ein Erdölzufluß mit einer Tagesförderrate bis zu 120 t auf. Noch früher kam es auf dem Feld Gussew (Gebiet Kaliningrad) zu einem geringen Erdölzufluß (bis 4 t/d) aus karbonatischen Schichten des Ordoviziums.

Die geringe Lagerungsteufe der produktiven Horizonte, die hohe Produktivität der Bohrungen und die großen Aussichten für die Entdeckung neuer Erdöllagerstätten sind eine reale Grundlage für die Schaffung einer Erdölförderindustrie in den sowjetischen Gebieten des Baltikums.

Lena—Wiljui-Gebiet

Man kann nicht umhin, die Entdeckung des neuen, sehr aussichtsreichen erdgasfördernden Gebiets Lena—Wiljui in Ostsibirien innerhalb der Jakutischen SSR zu erwähnen. Hier wurden die geologischen Erkundungsarbeiten unter außerordentlich schwierigen physisch-geographischen und klimatischen Verhältnissen durchgeführt. Gegenwärtig sind mehrere große Erdgaslagerstätten erkundet. Im äußersten Teil des Landes, auf der Insel Sachalin, konnte ebenfalls eine Reihe neuer Erdöl- und Erdgaslagerstätten nachgewiesen werden.

Diese kurze Übersicht über die Ergebnisse der geologischen Erkundungsarbeiten in der Sowjetunion weist auf die hervorragenden Entdeckungen neuer großer erdöl- und erdgasführender Provinzen mit großen Erdöl- und Erdgasvorräten in Westsibirien, Mittelasien, Kasachstan, Ostsibirien, Belorußland und anderen Gebieten hin sowie auf die Entdeckung neuer großer Erdöl- und Erdgaslagerstätten in den bereits entwickelten Erdöl- und Erdgasfördergebieten, die gestatten, die Erdöl- und Erdgasförderung nicht nur aufrechtzuerhalten, sondern sie auch zu steigern.

Vor den Beschäftigten in der sowjetischen Erdölförderung stehen große Aufgaben zur weiteren beschleunigten Entwicklung der Erdöl- und Erdgasförderindustrie. Besonders dringlich ist die Aufgabe einer erheblichen Erhöhung der Effektivität der Erkundungsarbeiten und der ernsthaftesten Beachtung aller damit zusammenhängenden Fragen. Grundlegende Bedeutung für die Erhöhung der Effektivität der Erkundungsarbeiten hat die Wahl der richtigen, wissenschaftlich begründeten Richtung der geologischen Erkundungsarbeiten unter Berücksichtigung der Notwendigkeit, den größten Zuwachs an Erdöl- und Erdgasvorräten in Gebieten zu erreichen, in denen man die Nutzung neuentdeckter Lagerstätten mit den geringsten Aufwendungen verwirklichen kann. Im Zusammenhang damit ist im europäischen Teil der UdSSR, in dem in den letzten Jahren der Nachweis neuer großer Erdöl- und Erdgaslagerstätten gelang und bedeutende Perspektiven für weitere große Vorräte vorhanden sind, ein erheblicher Umfang der geologischen Erkundungsarbeiten vorgesehen. In neuen Gebieten und vor allem in Westsibirien ist eine bedeutende Steigerung der geologischen Erkundungsarbeiten veranschlagt.

In der Sowjetunion wird den wissenschaftlichen Forschungen auf dem Gebiet der Erdöl- und Erdgasgeologie große Bedeutung beigemessen. Die Ergebnisse komplexer wissenschaftlicher Forschungsarbeiten spielten beim Nachweis nennenswerter erdöl- und erdgasführender Provinzen sowie von Erdöl- und Erdgaslagerstätten eine außerordentliche Rolle. Allein auf der Basis der gründlichen und allseitigen wissenschaftlichen Untersuchungen konnten die Generalpläne für die Durchführung der geologischen Erkundungsarbeiten aufgestellt und jährlich unter Berücksichtigung der neuen faktischen Daten korrigiert werden. Diese Arbeiten wurden in engem wechselseitigem Kontakt und gemeinsam mit den Spezialisten der Produktionsorganisationen ausgeführt. Die reichen Erfahrungen von Untersuchungen dieser Art, gesammelt in den verschiedenen Gebieten der Sowjetunion, kamen in der Deutschen Demokratischen Republik von deutschen und sowjetischen Spezialisten gemeinsam bei der Neueinschätzung der Perspektiven der Erdöl- und Erdgasführung der Republik erfolgreich zur Anwendung.

Die Sowjetunion wurde die größte erdöl- und erdgasfördernde Macht der Welt nach den USA, und die in den letzten 10 bis 15 Jahren erkundeten Erdöl- und Erdgasressourcen liefern eine feste Grundlage für die weitere beschleunigte Entwicklung der erdöl- und erdgasfördernden Industrie.

Zeitschrift für angewandte Geologie, Bd. 17 (1971), Heft 4

Methodische Aspekte zur Auswertung von Quecksilberinjektionsmessungen

WINFRIED RASEMANN, Freiberg (Sa.)

(Mitteilung Nr. 138 der Sektion Geowissenschaften der Bergakademie Freiberg)

1. Einleitung

Die Kapillardruckkurve oder ihr Analogon, die Porengrößenverteilungskurve, ist ein wichtiges Mittel zur Charakterisierung poröser Systeme. Sie wird für Aussagen über die porengeometrischen Verhältnisse sowie zur Bestimmung physikalischer Parameter wie Porosität, Permeabilität und spezifische Oberfläche benötigt und vor allem bei der Bearbeitung reservoirmechanischer, hydrogeologischer u. ä. Probleme verwendet. Darüber hinaus werden Porengrößenverteilungskurven in jüngster Zeit vielfach für die Beurteilung technischer poröser Stoffe (Braunkohlenbriketts, Baustoffen, Leder, Kontaktfiltern und Molekularsieben der chemischen Industrie) und damit verbundene technologische Entscheidungen herangezogen. Bei der Bearbeitung von Speichergesteinen wird angestrebt, die petrophysikalischen Parameter überwiegend an Spülproben zu bestimmen und die Kernstrecken auf ein Mindestmaß zu beschränken. Dadurch gewinnt die Methode der Kapillardruckkurve in steigendem Maße an Bedeutung, da einige ihrer technischen Varianten an geometrisch unregelmäßigen Probenkörpern durchführbar sind. Eine dieser Varianten ist die Quecksilberinjektionsmethode, die mit einem Quecksilberhochdruckporosimeter technisch leicht realisiert wird. Die zunehmend dominierende Stellung dieser Variante erfordert eine Untersuchung einiger methodischer Aspekte, die mit dem physikalischen Charakter des Meßvorgangs zusammenhängen und bisher wenig beachtet worden sind. Sie betreffen vor allem den Einfluß der Probengeometrie und des Probenvolumens auf den Verlauf der Meßkurve. Verf. stellte sich die Aufgabe, anhand einiger experimenteller Befunde einen Beitrag zu diesem Problem zu liefern.

2. Theoretische Grundlagen und Grenzen der Methode

Die Kapillardruckkurve beschreibt den Verlauf der Verdrängung einer den Porenraum sättigenden netzenden Phase durch ein nichtnetzendes Medium. Die Abhängigkeit des Kapillardrucks p_c vom Porenradius r, der Oberflächenspannung σ und dem Randwinkel θ wird durch die Beziehung

$$p_c = -\frac{2\sigma \cos\theta}{r}$$

wiedergegeben. Bei Verwendung von Quecksilber als Injektionsmedium vereinfacht sich die Formel mit den mittleren Größen $\sigma = 480$ dyn/cm und $\theta = 141{,}3°$ zu

$$p_c(\text{at}) = 75000/r,$$

wobei r in Å anzugeben ist. Die Kapillardruckkurve wird durch schrittweise Erhöhung des Drucks auf eine evakuierte Probe in einem Dilatometer, das in einem Autoklaven untergebracht ist, und eine Registrierung des bei fixierbaren Druckstufen injizierten Quecksilbervolumens ermittelt. Bei Verwendung eines Quecksilberhochdruckporosimeters wird dieser Prozeß über einen elektrischen Regelkreis automatisch gesteuert. Die injizierte Quecksilbermenge wird durch die Senkung des Quecksilberspiegels in einer am Dilatometer angebrachten geeichten Kapillare registriert. Mit dem zur Verfügung stehenden Gerät konnte ein Druckbereich von 1 bis 1000 kp/cm² übermessen werden; er entspricht einem Porenradiusbereich von 75000 bis 75 Å. Die Porengrößenverteilung ergibt sich als Summenkurve.

Von jeder Meßkurve muß eine Eichkurve abgezogen werden, die die druckabhängige Spiegelabsenkung in der Kapillare auf Kosten der Kompression des Quecksilbers widerspiegelt. Die Ergebnisse von Quecksilberkapillardruckmessungen sind auf Grund methodisch-technischer Begrenzungen und theoretischer Vereinfachungen des Verfahrens stets mit Unsicherheiten behaftet. Eine ernste Fehlerquelle bildet die Verwendung von Richtwerten für Oberflächenspannung σ und Randwinkel θ. Beide Größen sind im Verlauf einer Meßserie oder Einzelmessung nicht konstant. Die Oberflächenspannung ist temperaturabhängig, und der Randwinkel sicher eine Funktion des Drucks und der Stoffkomposition des porösen Systems. Bei ungleichmäßiger Druckübertragung im Gesteinsgerüst ist zusätzlich mit Deformationen des Porenraums zu rechnen. Eine weitere Fehlerquelle in der Einschätzung der wahren Porenstruktur ist die Idealisierung des porösen Stoffes als Bündel von Kapillaren mit Kreisquerschnitt. Auf Grund dieser Einflußfaktoren ist die Porengrößenverteilung nur idealisiert erfaßbar. Für eine statistische Bearbeitung genügt die Methodik jedoch, da die für jede Gesteinsart typischen Merkmale im richtigen Verhältnis abgebildet werden.

Ernsthafter kann der Einfluß unterschiedlicher Probengröße und Probengeometrie werden, da die Messung an Granulat von unregelmäßiger Form mit meist rauher Oberfläche vorgenommen wird. Vor der Messung paßt sich das Quecksilber nicht vollständig an die Oberfläche des Probenstücks an, sondern umschließt dieses auf Grund der Grenzflächenspannung zunächst in einer geometrisch einfachen Form. Erst bei Druckerhöhung nimmt die Quecksilberfront allmählich entsprechend der obigen Kapillardruckbeziehung die

Eingang des Manuskripts in der Redaktion: 8. 9. 1970.

Anm.: Verf. dankt Herrn Dipl.-Geol. DIETZE, Gommern, recht herzlich für die ihm erwiesene Unterstützung, die wesentlich zur Bereicherung der Arbeit beitrug.

Zeitschrift für angewandte Geologie, Bd. 17 (1971), Heft 4

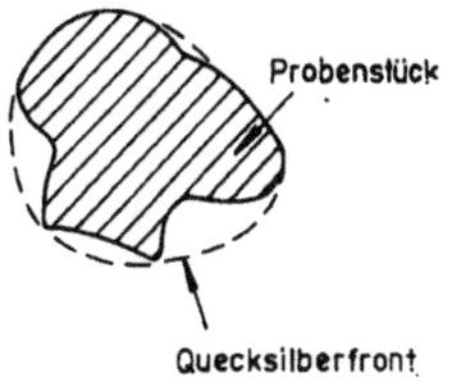

Abb. 1. Schematische Darstellung des Oberflächeneffekts

Form des Probenkörpers im Mikrobereich an (siehe Abb. 1). Bei diesem Vorgang findet eine Spiegelabsenkung im Dilatometer statt, die zu Fehlurteilen hinsichtlich des tatsächlich injizierten Quecksilbervolumens führen kann. Die Existenz dieses Effekts, der auch als „closure effect" bezeichnet wird, wurde erstmals von ROCKWOOD, LAIR & LANGFORD 1957 bestätigt und experimentell nachzuweisen versucht. Es wird angenommen, daß er sich dem gesamten Porenbereich der Probe überlagert, jedoch ist die Meßgenauigkeit der angegebenen Kurve für eindeutige Aussagen zu gering. RIECKMANN (1963) hat dieses Problem systematisch untersucht und eine empirische Lösung zur Erfassung des Oberflächeneffekts vorgeschlagen. Das von einer graphischen Darstellung ausgehende Auswerteverfahren ist sehr aufwendig und setzt eine hohe Meßgenauigkeit voraus. Es wurde für Drücke von 0,06 bis 140 at nachgewiesen. Die physikalische Erklärung des Effekts ist einleuchtend, jedoch muß angezweifelt werden, daß er sich dem gesamten Porengrößenbereich überlagert und in der von RIECKMANN vorgeschlagenen Weise zu berücksichtigen ist. Beim Zerkleinern poröser Stoffe werden zwar Poren geöffnet, die dem Probenstück eine rauhe Oberfläche geben, diese aber auch in der Kapillardruckkurve erfaßt. Es ist fraglich, ob die beschriebene Fehlerquelle mit dem Hochdruckporosimeter neben anderen Einflußfaktoren (siehe oben) erfaßbar ist und erfaßt werden muß.

3. Neue experimentelle Befunde

Ausgehend von den Erkenntnissen von ROCKWOOD und Mitautoren sowie RIECKMANN wurde eine Reihe von porösen und nichtporösen Stoffen unterschiedlicher Konsistenz und Geometrie ausgewählt, an denen der Oberflächeneffekt untersucht werden sollte:

1. nichtporöse technische Werkstoffe: Edelstahl, Aluminium, Glas, PVC;
2. kompakte Mineralaggregate: Steinsalz, Gips, Kalzium;
3. künstliche poröse Stoffe: Keramikfilter „Diaphragma", verschiedene Glaskugelpackungen.

Des weiteren wurde an lackierten und blanken Bleikugeln der Einfluß physikochemischer Reaktionen während der Messung auf den Verlauf der Meßkurve überprüft. Die Ergebnisse werden im folgenden diskutiert.

Bei verschiedenen Glaskugelpackungen mit gleichem Feststoffvolumen (Abb. 2) und bei gleichgroßen Bruchstücken dichter Mineralaggregate (Abb. 3) waren keine systematischen Abweichungen der Meßkurve von der Eichkurve zu beobachten. Das gleiche trifft für hier nicht abgebildete Würfel, Halbwürfel und unregelmäßige Bruchstücke von Edelstahl, Aluminium und PVC zu. Die Abweichungen sind nicht durch die unterschiedliche Geometrie, sondern eher durch Kompressibilitätsunterschiede und die numerischen Fehler des Meß- und Auswerteverfahrens bedingt. Eine Bestätigung findet diese Schlußfolgerung durch Kapillardruckkurven eines künstlichen porösen Stoffes (Abb. 4). Es zeigte sich, daß Differenzen der Meßkurven bei gleichem Volumen des Probenstücks nur auf unterschiedliche Porositäten zurückzuführen sind, deren Ursachen in einem schwankenden Anteil an kleinen Poren liegen.

Systematische Wirkungen der Größe des Probenstücks waren weder bei Glaskugelpackungen (Abb. 5) noch am künstlichen porösen Stoff (Abb. 6) festzustellen. Im letzteren Fall sind Differenzen zwischen den Kurven wieder auf verschiedene Anteile an kleinen Poren und nicht auf geometrische oder Volumeneffekte zurückzuführen. Ein Einfluß der Probengeometrie würde sich vor allem in den Anfangsstadien der Messung bei geringen Drücken geltend machen (siehe Abb. 4 und 6). Dies trifft jedoch nicht zu. In allen Fällen zeigten zerschnittene Diaphragmaproben eine statistisch homogene Quecksilberverteilung nach Druckentlastung, so daß die Kurvendifferenzen auch nicht mit unterschiedlichen Flutungseffekten erklärt werden können.

Mit den vorliegenden Ergebnissen werden Untersuchungen von FREHSE & ZANDER 1965 an natürlichen porösen Stoffen bestätigt, wonach die Probengröße keine wesentliche Wirkung auf den Verlauf der Kapillardruckkurve hat. Vorversuche ergaben, daß bei Spiegelabsenkungen im Vakuumbereich der Oberflächeneffekt sehr erheblich, jedoch bei Atmosphärendruck weitestgehend abgeschlossen ist. Nicht zu vernachlässigen ist der Einfluß physikochemischer Reaktionen an der Grenzfläche Quecksilber/Probensubstanz, wie Messungen an Bleikugeln ergaben.

Die Ergebnisse geben Anlaß, auf das von RIECKMANN vorgeschlagene, durch theoretische Überlegungen durchaus gerechtfertigte Auswerteverfahren zur Berücksichtigung des Oberflächeneffekts zu verzichten. In porösen Stoffen, vor allem in Speichergesteinen, ist nicht der absolute Verlauf der Kapillardruckkurve, sondern die verhältnisgerechte Abbildung der Porengrößenbereiche für technische und ökonomische Entscheidungen wichtig. Da einerseits die verwendbaren Probenstücke zu klein sind, um den Speicher immer hinreichend zu repräsentieren, und andererseits kaum gesicherte Kenntnisse über mögliche physikochemische Reaktionen im porösen Stoff und die physikalischen Eigenschaften des Quecksilbers bei hohen Drücken vorliegen, sollte nicht eine unnötige und vielleicht ungerechtfertigte Genauigkeit in das Ergebnis projiziert werden. Im Speichergestein liegen mit dem Haftwasser Kationen vor, über deren Reaktion mit Quecksilber bei hohen Drücken bisher nichts bekannt ist. Gleichfalls ungeklärt sind die eingangs hervorgehobenen Einflüsse der Mineralkomposition des Gesteins auf den Randwinkel. Solange diese Fragen ungeklärt sind, muß versucht werden, die Sicherheit der Aussage durch Verwendung repräsentativerer Proben zu verbessern. Erst wenn dieser Gedanke zur Routine geworden ist, kann und muß eine Verbesserung der Reproduzierbarkeit der Einzelmessung in Angriff genommen werden.

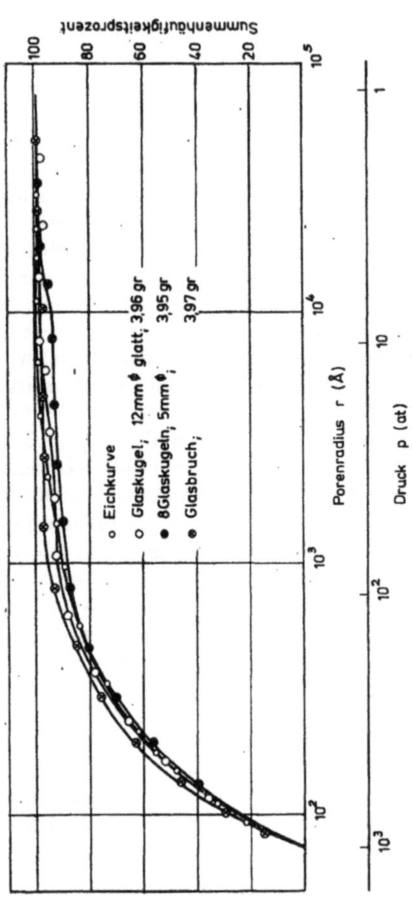

Abb. 2. Quecksilberspiegelabsenkungskurven für verschiedene Glaskugelpackungen mit gleichem Volumen

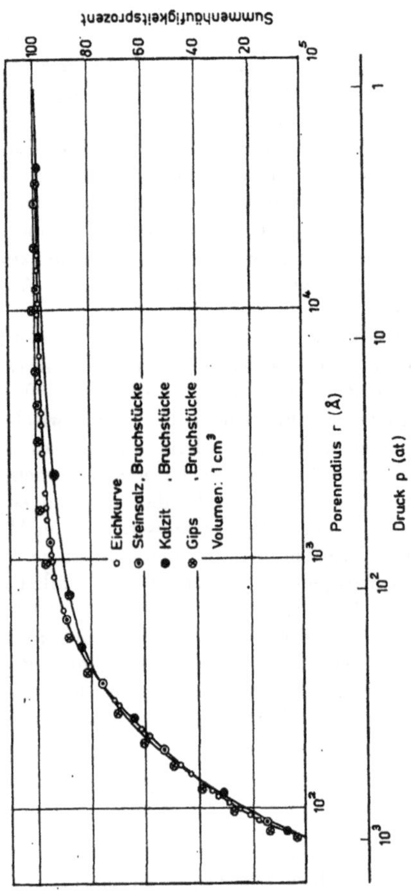

Abb. 3. Quecksilberspiegelabsenkungskurven für verschiedene Mineralaggregate

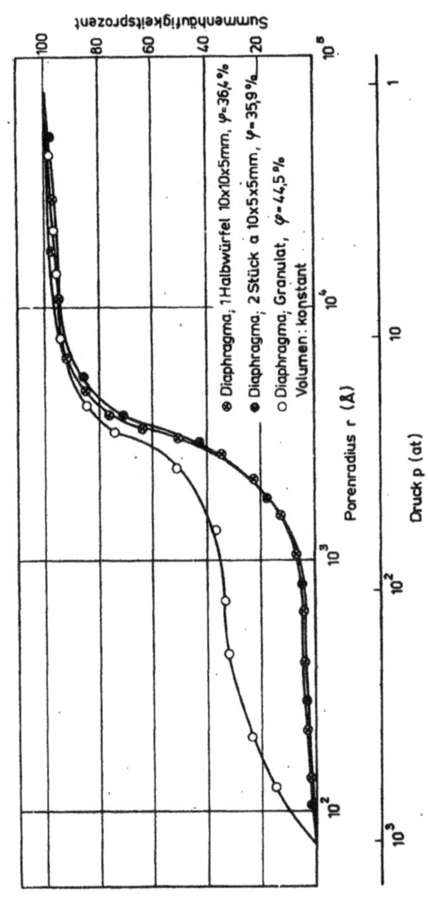

Abb. 4. Porengrößenverteilung für Keramikfilterstoffe „Diaphragma" mit gleichem Volumen

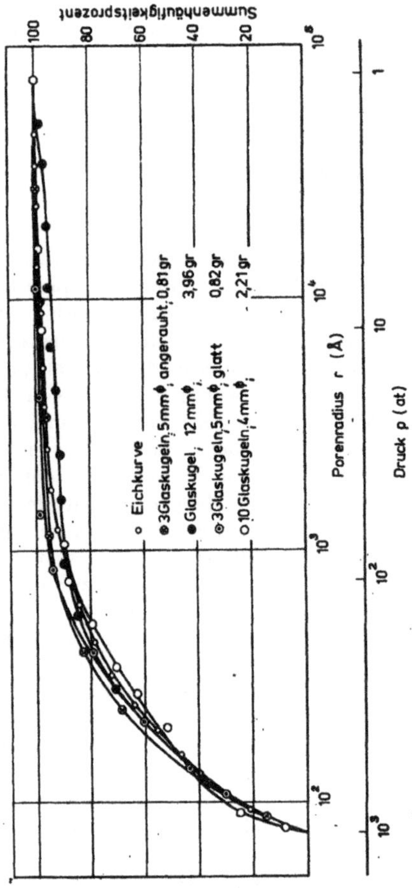

Abb. 5. Quecksilberspiegelabsenkungskurve für verschiedene Glaskugelpackungen bei unterschiedlichem Volumen

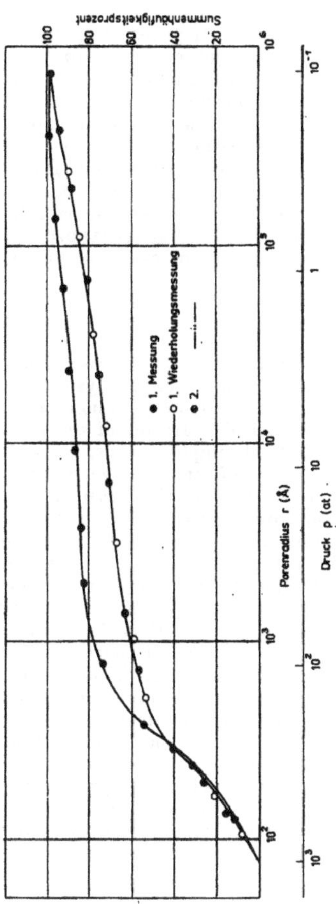

Abb. 7. Kapillardruckkurven an Karbonat

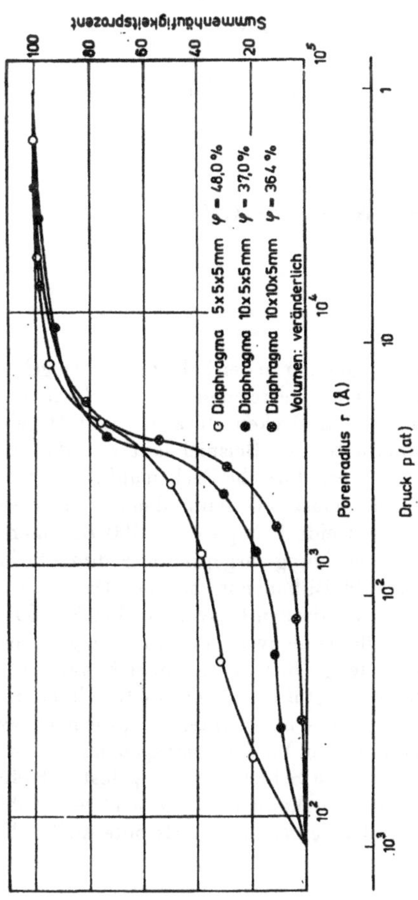

Abb. 6. Porengrößenverteilung für Keramikfilterstoffe „Diaphragma" mit unterschiedlichem Volumen

4. Eine Möglichkeit zur Deutung von Wiederholungsmessungen

Es wurde der Einfluß von Wiederholungsmessungen am selben Probenstück auf den Verlauf der Kapillardruckkurve untersucht und eine Möglichkeit zur porengeometrischen Deutung der Ergebnisse diskutiert. Die Probe 35/68 stammt aus dem Staßfurt-Karbonat (Zechstein) des Thüringer Beckens. Es handelt sich um ein stark ungleichkörniges Karbonat, in dem Kalzitblasten eingelagert sind.

Vor Aufbereitung der Probe zur Kapillardruckmessung war an ihr die Permeabilität gegen Luft gemessen worden. Nach Aufnahme der Kapillardruckkurve (Abb. 7, Kurve a) im Quecksilberhochdruckporosimeter über einen Druckbereich von 0,1 bis 1000 kp/cm² wurde auf Atmosphärendruck entlastet. Eine Wiederholungsmessung nach mehreren Tagen erbrachte eine abweichende Kurve (Abb. 7, Kurve b). Sie blieb auch bei einer dritten Verpressung unverändert (Abb. 7, Kurve c).

Die Berechnung der einzelnen Parameter wie Porosität und spezifische Oberfläche erfolgte nach der üblichen Methodik (s. FREHSE & ZANDER 1965). Aus der Porengrößenverteilung wurde der Porenvolumenanteil für $r \geqq 750$ Å berechnet.

Tabelle

Probe	spezif. Porenvolumen (cm³/g)	Nutzporosität (%)	spezif. P.-Vol.-Anteil $\geqq 750$ Å (cm³/g)	spezif. P.-Vol.-Anteil $r \leqq 750$ Å (cm³/g)	spezif. Oberfläche (cm²/g)	Permeabilität gegen Luft (md)
35/68a	0,0104	2,7	0,002652	0,007748	7500	0,3
35/68b	0,0048	1,3	0,002222	0,002578	3100	–

Die Auswertungsergebnisse lassen folgende Interpretation zu (Tabelle). Bei der Druckentlastung nach der ersten Einpressung blieb ein Drittel der Poren mit einem Radius $r \leqq 750$ Å mit Quecksilber gesättigt. Dieser Porenanteil dürfte die poröse Matrix des Karbonats repräsentieren, während der entsättigte, grobporige Bereich die miteinander verbundenen Klüfte des Systems darstellt, aus denen das Quecksilber nach der Messung ausfließen kann, da sie keine schroffen Kapillardruckschranken enthalten. Mithin ermöglichen die Ergebnisse der Wiederholungsmessung Aussagen über den Anteil der Mikroklüfte am Gesamtsystem des Karbonatspeichers und deren physikalische und geo-

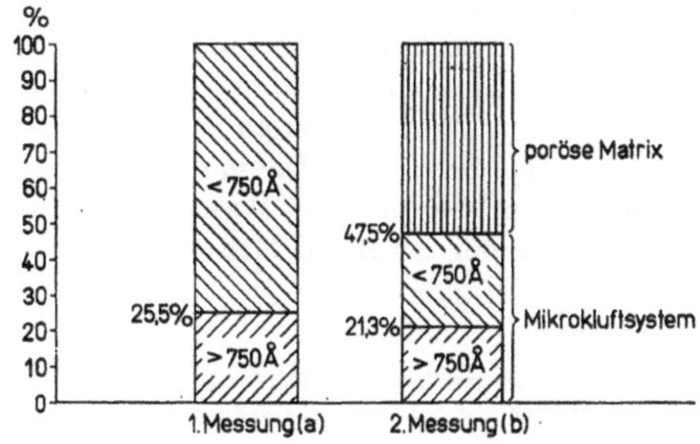

Abb. 8. Modell der Porenraumverteilung

metrische Parameter. Das genaue Bild der Porengrößenanteile nach beiden Kapillardruckmessungen vermittelt Abb. 8.

Zusammenfassung

Ausgehend von der Notwendigkeit, Kapillardruckkurven zur Charakterisierung poröser Systeme heranzuziehen, wurden die durch den physikalischen Charakter des Meßvorgangs, theoretische Vereinfachungen und technische Begrenzungen bedingten Fehlerquellen der Quecksilberinjektionsmethode aufgezeigt. Da die Wirkung der Probengeometrie und Probengröße auf den Verlauf der Meßkurve für die üblicherweise zur Verfügung stehenden Quecksilberhochdruckporosimeter bisher kaum systematisch untersucht worden sind, hat Verf. diesen Effekt an einigen porösen und nichtporösen Systemen untersucht. Es zeigte sich, daß Unterschiede in der Probengeometrie und Probengröße keine erheblichen Schwankungen der Meßkurve verursachen und ihr Einfluß gegenüber den anderen, oft noch nicht faßbaren Fehlerquellen im angegebenen Druckbereich unerheblich ist. Beträchtlich können sich jedoch physikochemische Reaktionen an der Grenzfläche Quecksilber/Probenkörper auswirken, die einer weiteren Klärung bedürfen. Weiterhin wurde der Einfluß von Wiederholungsmessungen am selben Probenstück untersucht und eine Deutungsmöglichkeit angegeben. Auf eine hohe Auswertegenauigkeit kann zugunsten einer repräsentativeren Probenahme zunächst verzichtet werden.

Резюме

Исходя из необходимости привлечения капиллярных кривых давлений для характеристики пористых систем, были выделены источники ошибок ртутного инъекционного метода, обусловленные физическим характером процесса измерений, теоретическими упрощениями и техническими органичениями. Так как действие геометрии и размеров образцов на вид измерительной кривой для обычно имеющихся, работающих при высоком давлении ртутных приборов для определения пористости едва до сих подвергались систематическому исследованию, автор изучал этот эффект на некоторых пористых и непористых системах. Оказалось, что различия геометрии и размеров образцов не приводят к значительным колебаниям измерительной кривой, и их влияние, по сравнению с другими, часто еще не устанавливаемыми источниками ошибок, в указанном интервале давлений является незначительным. Однако, значительное действие могут оказать физико-химические реакции на граничной поверхности ртути с телом образца; они требуют дальнейшего выяснения. Дальше было изучено влияние повторных измерений на одном и том же образце и была высказана возможность интерпретации. В пользу более представительного пробоотбора можно отказаться сперва от высокой точности обратотки данных.

Summary

The author proceeds from the necessity to use capillary pressure curves for characterizing porous systems and shows sources of error of the mercury injection method, which are caused by the physical character of the process of measurement, by theoretical simplifications, as well as by technical limitations. As the effect of the geometry and dimensions of samples on the shape of the measuring curve so far have hardly been investigated systematically for mercury high-pressure porosimeters available, this effect has been studied by the author for some porous and nonporous systems. He shows that differences in the geometry and dimensions of samples do not produce considerable variations of the measuring curve, and that their influence in the pressure range mentioned on other sources of error, which often cannot yet be determined, is insignificant. However, physico-chemical reactions may considerably work out at the boundary zone mercury-test specimen, and want further explanation. Furthermore, the influence exerted by repeated measurements of the same test specimen was investigated and a possible interpretation was given. For the present, a high accuracy of evaluation can be renounced in favour of a more representative sampling.

Literatur

FREHSE, W., & H. ZANDER: Die Kapillardruckkurve – ihre Bedeutung und Bestimmung. – Erdöl-Erdgas-Informationen, 7, 27–35, Gommern 1965.

RIECKMANN, M.: Evaluation of reservoir rocks of low permeability. – Sixth World Petrol. Congr., Frankfurt/M. 1963, Sect. II, Paper 9, 1–15.

ROCKWOOD, S. H., G. H. LAIR & B. J. LANGFORD: Reservoir volumetric parameters defined by capillary pressure studies. – Trans. AIME, 210, T. P. 4636, 252–259, 1957.

Einige Fragen zur Migration von Kohlenwasserstoffen und zur Bildung ihrer Lager

L. M. SORKIN, UdSSR

Die Schichtwässer erdöl- und erdgasführender Becken werden durch eine regionale Gassättigung, vorwiegend aus Kohlenwasserstoffgasen bestehend, gekennzeichnet. Die Höhe der Gassättigung ändert sich für einzelne Becken in bedeutenden Grenzen. In 1 m^3 Schichtwasser der paläozoischen Sedimente in der Wolga-Uraler Erdöl-Erdgas-Provinz sind bis zu 1,0–1,3 m^3 KW-Gas enthalten. Die Gassättigung der Schichtwässer im Westsibirischen Becken erreicht 2–3 m^3 und selten auch mehr pro 1 m^3 Wasser. Eine noch höhere Gassättigung, bis zu 4–5 m^3 pro 1 m^3 Wasser, weisen die Schichtwässer der mittleren Kaspi-Senke auf. Die maximale Gassättigung wurde mit 9 m^3 Gas pro 1 m^3 Wasser in der Indolo-Kuban-Senke auf der Struktur Medwedewskoje registriert.

Die Gesamtmengen der in den Schichtwässern gelösten Kohlenwasserstoffgase erreichen in einzelnen erdöl- und erdgasführenden Becken Dutzende und Hunderte Billionen Kubikmeter. Als Beispiel läßt sich das erdöl-erdgas-führende Westsibirische Becken anführen, wo die Minimalmenge an gelösten Gasen in den Schichtwässern des Jura-Unterkreide-Komplexes 400 Billionen m^3 und mit Berücksichtigung ausgepreßter Sedimentationswässer mehr als 150 Billionen m^3 beträgt. Dabei liegt die Summe der prognostischen Gasvorräte bei 50–60 Billionen m^3. Für alle Kohlenwasserstoffbecken gemeinsam übersteigt die Menge der in den Schichtwässern gelösten Kohlenwasserstoffe um ein weites deren industrielle oder prognostische Vorräte, d. h., die nachgewiesenen und vermuteten Vorräte betragen nur einen geringen Teil der in den Schichtwässern gelösten Kohlenwasserstoffe. Deshalb kann man die gelösten Kohlenwasserstoffgase der Schichtwässer als potentiellen Koh-

Aus: „Geologia nefti i gasa", H. 9, S. 31–34, 1969.
Übersetzung und fachliche Bearbeitung: BERNHARD REH.

lenwasserstoffursprung betrachten, da deren Volumen völlig zur Bildung beliebiger einzigartiger Lagerstätten ausreicht. Folglich läuft der Entstehungsprozeß von Gaslagern zu einem bedeutenden Teil auf die Konzentrierung von gelösten Kohlenwasserstoffen der Schichtwässer hinaus und seltener von freien Gasen.

Nach der organischen Hypothese der Kohlenwasserstoffgenese[1]) läßt sich die Entstehung von Gaslagern nach folgendem Schema betrachten: disperse organische Substanz der Gesteine → disperse Kohlenwasserstoffgase → gelöste Gase der Schichtwässer → Gase der Gaslager.

Jedoch werden die Konzentrations- und Dispergierungsbesonderheiten der Kohlenwasserstoffe nach dem aufgeführten Schema in bedeutendem Maße von den geologisch-hydrogeologischen Verhältnissen des jeweiligen Erdöl-Erdgas-Einzugsgebiets der Lithosphäre abhängen. Hier lassen sich zwei gegenteilige Fälle aushalten:

a) Im Profil überwiegen mächtige sandige Druckwasserhorizonte, die von regional aushaltenden Wasserstauern überlagert werden;

b) häufige Wechsellagerung vorwiegend geringmächtiger sandiger und mächtiger Tonpakete (vgl. Abb.).

[1]) Es wird unterstellt, daß als Gasmuttergestein jedes beliebige Sediment auftreten kann, das organische Substanz sowohl der Humusreihe als auch der Sapropelreihe unter günstigen Erhaltungsbedingungen aufweist.

Im Falle a) kommt in der Bilanz der Kohlenwasserstoffgase den Gasen die überwiegende Bedeutung zu, die im Speicherkomplex selbst erzeugt worden sind. Zunächst werden sich die neugebildeten Gase in den Schichtwässern lösen, und wenn der Gassättigungsdruck den hydrostatischen Druck erreicht, beginnt das Gas, sich als freie Phase zu entlösen und Lager zu bilden. Eine noch intensivere Gasentlösung wird bei Schichtdruckabnahme sowohl im Ergebnis positiver tektonischer Bewegungen als auch bei der Umverteilung der Schichtwässer aus Senken in Hochlagen oder Monoklinalen erfolgen. Bei bedeutender Mächtigkeit des Druckwasserkomplexes reicht das aus den Schichtwässern frei werdende Gas in den Grenzen des hypsometrischen Struktureinflusses sogar für die Bildung der gigantischsten Lagerstätten aus.

Die Entstehung der einzigartigen Lagerstätten im Apt-Alb-Cenoman-Komplex des nördlichen Tjumen-Gebietes läßt sich durch Gasentlösung aus den untertägigen Wässern im Ergebnis von Schichtdruckverringerungen im Pliozän—Quartär erklären (NALIWKIN u. a. 1965). Günstig wirkten sich hier die bedeutende Speichermächtigkeit und das große Gasvolumen der Schichtwässer aus (ihre niedrige Temperatur und Mineralisation). Im Zusammenhang damit wurden bei der Schichtdruckabnahme gewaltige Mengen an Kohlenwasserstoffgasen aus den Schichtwässern frei (vgl. Tab.).

Große Bedeutung für die in der Tabelle aufgeführten Lagerstätten besitzt auch die Tatsache, daß im hypso-

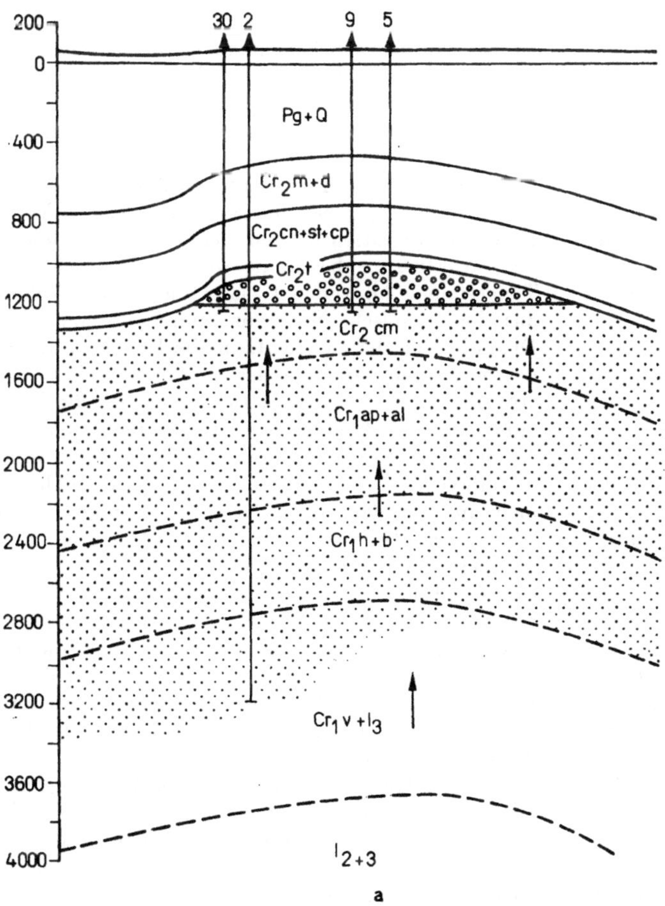

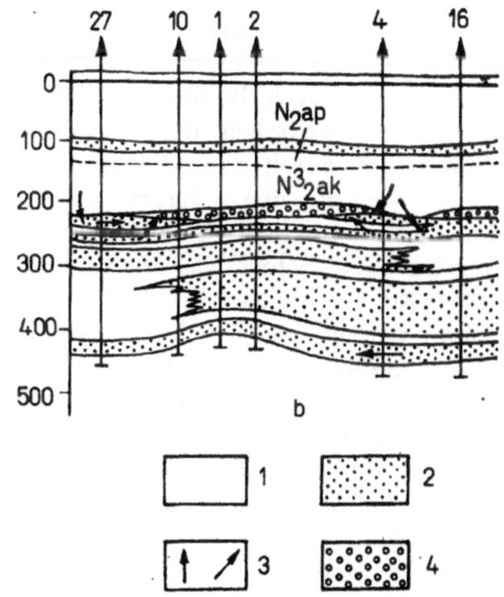

Abb.: Schema der Entstehung von Gaslagern

a — Gaslager im mächtigen Sandkomplex des Cenomans auf dem Feld Urengoj (Westsibirien); b — Gaslager in einem geringmächtigen Sandspeicher des Pliozäns auf dem Feld Port Arthur (nördl. Kaspi-Gebiet)
1 — Tondecken; 2 — sandiger Speicher; 3 — Richtung der Gasumverteilung; 4 — Gaslager

Tab.: Einschätzung der Gasvorräte für Strukturen im Norden Westsibiriens (nach JU. S. SCHILOW)

Struktur, Lagerstätte	Fläche des hypsometrisch. Einflusses km²	Effektive Mächtigkeit des Komplexes km	Poröses Hohlraumvolumen km³	Druckabfall at	Volumen des entlösten Gases m³/m³	Gesamtgasmenge, die aus dem Schichtwasser frei wurde Mrd. m³
Gubkinskoje	4220	0,9	1140	22	0,33	376
Nördlicher Purpej-Scheitel	17000	1,0	5100	22	0,33	1683
Urengoj	10400	1,1	3432	20	1,15	3946
Ust-Tasowskoje	8020	1,0	2406	86	1,10	2647
Jubilejnoje	9600	1,0	2880	60	0,86	2477

metrischen Einflußbereich der Strukturen die Schichtwässer auch gegenwärtig gewaltige Mengen gelöster Gase enthalten. So beträgt z. B. für die Lagerstätte Gubkinskoje mit einem Vorrat von 350 Mrd. m³ die in den Schichtwässern gelöste Gasmenge 1800 Mrd. m³.

Beim Abbau solcher Lagerstätten können infolge des Schichtdruckabfalls bedeutende Gasmengen aus den Schichtwässern frei werden und die industriellen Vorräte wesentlich erhöhen. Für die Lagerstätte Gubkinskoje mit einem Gasentlösungsdruck der Schichtwässer von 73 — 74 at wird bei einer Druckabsenkung in den Randwässern von 25 — 35 at aus ihnen eine Gasmenge von 150 — 200 Mrd. m³ frei.

Die Gasentlösung und Bildung einer freien Gasphase im Ergebnis eines Schichtdruckabfalls werden sich im gesamten wassergesättigten Speicherkomplex vollziehen, und folglich wird das sich anfänglich entlösende Gas dispers verteilt im Porenraum des Speichers in Form von Bläschen unterschiedlichen Durchmessers auftreten. Eine Sammlung dieser dispers verteilten Gasbläschen wird durch Reibungs-, Adhäsions- und Anziehungskräfte zwischen den Gasbläschen und dem Gestein sowie durch den „Jamin-Effekt" behindert. Zur Überwindung dieser Kräfte ist eine äußere Einwirkung erforderlich. Als solche äußere Kraft wird die Bewegung der Schichtwässer betrachtet (BROD & JEREMENKO 1953, SOKOLOW 1965). Außerdem begünstigen die beweglichen Schichtwässer den Zufluß frischer stark gasgesättigter Schichtwässer in die Zone des hypsometrischen Struktureinflusses.

In noch größerem Maße fördern die durch Entladung endogener und exogener Kräfte hervorgerufenen Bewegungen der Erdkruste die Sammlung der verstreuten Gasbläschen.

Nachfolgend sollen einige Beispiele aufgeführt werden. Es ist festgestellt worden, daß unter dem Einfluß der Anziehungskraft von Mond und Sonne das Territorium der Stadt Moskau täglich um einen Betrag von 1,5 mm um einen bestimmten Mittelwert angehoben bzw. abgesenkt wird. Keinen geringeren Einfluß weisen die Wässer der Meere und Ozeane auf: Ihre gigantischen Wellen erschüttern buchstäblich den Erdball. Die Schlagkraft der Wellen ist so groß, daß ein Sturm in der Biskaya von den seismischen Stationen in Moskau aufgezeichnet wird (MALACHOW 1965). Ein noch größerer Effekt wird bei der Entladung endogener Spannungen — den Erdbeben — erhalten, deren Anzahl 100000 pro Jahr erreicht.

Im Ergebnis der ständigen Bewegungen der Erdkruste, ihrer Erschütterung, werden in erster Linie die Adhäsions- und Anziehungskräfte überwunden. Die gleichen Schwingungen führen zu einer Deformation des Gesteinsskeletts: Im Ergebnis der Hebungen und Senkungen des Sedimentkomplexes werden einzelne Poren bald erweitert, bald komprimiert, was zu einem Ausstoßen einzelner Gaströpfchen führt. Unter dem Einfluß der Auftriebskräfte ist dieses Herausstoßen immer oder fast immer von unten nach oben gerichtet, wodurch sich die Gasbläschen unter der Deckschicht ansammeln. Bei Verbindung mehrerer Tröpfchen untereinander kann eine Gasfiltration, eine Bewegung in Form von Mikroströmen beginnen.

Im Falle b) wird die Hauptmenge der Kohlenwasserstoffgase in den Tonkomplexen gebildet, und die Rolle der Gase aus den tonigen Zwischendecken ist um so größer, je bedeutender deren Mächtigkeit und je geringer dementsprechend die Mächtigkeit der Sandpakete ist. In einer geringmächtigen sandigen Schicht reicht die aus dem Wasser frei werdende Gasmenge im Bereich des hypsometrischen Struktureinflusses nicht aus, um zu einer irgendwie bedeutenden Gasansammlung zu führen. In diesem Falle ist für die Bildung einer industriellen Akkumulation die Gaszufuhr sowohl aus dem tonigen Komplex als auch von außerhalb des hypsometrischen Einflußbereiches der Struktur erforderlich.

Betrachten wir die Gaszufuhrbedingungen aus den Tonen in den Speicher, da durch die gleichen Verhältnisse die Migrationsformen der Gase von außerhalb der Strukturzone bestimmt werden. Die sich in den Tongesteinen bildenden Gase rufen in dem Volumen, das die organische Substanz einnimmt, einen hohen Druck hervor, der ausreicht, um die Tone über die Wege des geringsten Widerstandes zu durchbrechen (SOKOLOW 1965). Somit vollzieht sich anfänglich die Vereinigung einzelner Gasbläschen, die Bildung von Mikroströmen, die ihrerseits, indem sie die tonigen Gesteine durchbrechen, große Ströme freien Gases bilden. Gemeinsam mit den freien Gasströmen migrieren auch stark gasgesättigte Porenwässer aus dem Tonkomplex.

Einen wesentlichen Einfluß auf die Migration des Gases und der Porenwässer aus den Tonen besitzen die Verdichtung der Tonkomplexe und der Grad ihrer Diagenese. Je größer die Mächtigkeit und die Lagerungsteufe der Sedimente sind und je stärker die Tone metamorphosiert sind, um so weiter sind die Auswanderungsprozesse der Gase und das Auspressen der Porenwässer fortgeschritten.

Der Gasstrom, der sich im Tonsteinkomplex gebildet hat, migriert später im Speicher ebenfalls in Form eines freien zusammenhängenden Flusses. Die Migrationsenergie eines solchen Stromes ist ausreichend hoch, da ja der Strahl unter bedeutendem Druck in den

Speicher eindringt. Auf den Migrationswegen füllt sich der Gasstrom ständig mit freien Gasen auf. Die erste zusätzliche Gasportion tritt bei der Degasierung der Porenwässer durch den Abfall vom geostatischen Druck in den Tonsteinen auf den hydrostatischen im Speicher zu. Im weiteren vollzieht sich die Auffüllung des Gasstromes durch Mitreißen von frei werdenden Gasen aus den Schichtwässern des Speichers sowie durch Gase anderer Mikroströme. Die Migrationsweite wird durch die Entfernung bis zum Speicher bestimmt. Als Beispiel betrachten wir die Bildungsbedingungen der Gaslager im Pliozän der Kaspi-Senke (SORKIN & JEREMENKO 1953). In den pliozänen Sedimenten der Senke überwiegen die Tonfolgen gegenüber den Speichern, deren Wässer durch eine vollkommen aus Methan bestehende Sättigung gekennzeichnet werden. In der nördlichen Hälfte der Senke befinden sich jedoch infolge der geringen Sedimentmächtigkeit (300—450 m) die Auswanderungsprozesse der Kohlenwasserstoffe in den Anfangsstadien. Die Gasmengen jedoch, die aus den Schichtwässern frei werden, reichen für die Bildung irgendwie bedeutender Akkumulationen nicht aus. Nach Süden nimmt die Sedimentmächtigkeit zu und erreicht auf dem Territorium der Ryn-Sande 800—1000 m, wodurch günstigere Bedingungen für die Gasauswanderung aus den Tonsteinkomplexen geschaffen werden. Wahrscheinlich sind nicht zufällig entlang der nördlichen Grenze der Ryn-Sande die Gaslager Auketajtschagyl, Saralshin, Uschkultas und Pestschanaja entdeckt worden. Ihre Entstehung ist mit der strahlförmigen Gasmigration und dem Auspressen stark gasgesättigter Schichtwässer aus der Zone erhöhter Mächtigkeiten der Ryn-Sande verbunden.

Somit können wir von zwei extremen und stark unterschiedlichen Situationen der Migration und Lagerbildung von Kohlenwasserstoffgasen sprechen. Bei Vorhandensein eines mächtigen Speichers migrieren die Kohlenwasserstoffgase vorwiegend in gelöstem Zustand mit den Schichtwässern, und bei der Lagerbildung spielt die strahlförmige Migration keine bedeutende Rolle, da das Gas aus den Schichtwässern im Bereich des hypsometrischen Struktureinflusses zur Lagerbildung ausreicht. Bei häufiger Wechsellagerung geringmächtiger Speicher mit tonigen Komplexen ist die Bildung eines bedeutenden Lagers nur bei Vorhandensein einer strahlförmigen Migration möglich. In der Natur lassen sich die verschiedenartigsten Kombinationen sandiger und toniger Komplexe antreffen, folglich wird die Rolle der genannten Migrationsformen (in gelöstem Zustand mit den Schichtwässern und strahlförmig) bei der Bildung der Gaslager von der Art der vorhandenen Kombination abhängen.

Literatur

BROD, I. O., & N. A. JEREMENKO: Die Grundlagen der Erdöl- und Erdgasgeologie. — Isd-wo MGU (1953).

MALACHOW, A. A.: Unter der Hülle des Mantels. — M., isd-wo Molodaja gwardia (1965).

NALIWKIN, W. D., u. a.: Vergleichende Analyse der Kohlenwasserstoffführung und der Tektonik der Westsibirischen und der Turano-Skifischen Tafeln. — Tr. WNIGRI, wyp. 236., M., isd-wo Nedra (1965).

SAWTSCHENKO, W. P.: Die Bildungsbedingungen von Erdöl- und Erdgaslagern bei einer strahlförmigen Migration in wassergesättigten Gesteinen. — Tr. WNII, Nr. 14 (1958).

SOKOLOW, W. A.: Die Prozesse der Entstehung und Migration von Erdöl und Erdgas. — M., isd-wo Nedra (1965).

SORKIN, L. M., & G. N. KRITSCHEWSKIJ: Über die Perspektiven der Gasführung und die Bildungsbedingungen der Erdgaslager im Neogen der Kaspi-Senke. In: Sammelbd. Unterlagen zur Geologie der gasführenden Gebiete der Sowjetunion. — Tr. WNII gasa, wyp. 25 (33), M., isd-wo Nedra (1965).

Die strukturellen Verhältnisse der Erzbildung

Einer der die genetischen Besonderheiten der endogenen Erzlagerstätten bestimmenden Faktoren

L. I. LUKIN, I. S. KORIN, G. G. KRAWTSCHENKO, J. P. MALINOWSKI, J. G. SAFONOW & W. F. TSCHERNYSCHEW, UdSSR

Die Strukturen der endogenen Lagerstätten der verschiedenen genetischen Typen sind sehr mannigfaltig. Sehr verständlich ist das Bestreben, die allgemeine Abhängigkeit zwischen den genetischen Besonderheiten dieser Lagerstätten und dem strukturellen Milieu ihrer Bildung aufzufinden. Wir meinen, daß eine derartige Abhängigkeit tatsächlich existiert und auch erschlossen werden kann, wenn man von der Vorstellung der relativen strukturellen „Geöffnetheit — Geschlossenheit" des Systems des Erzabsatzes ausgeht. Der Grad der relativen strukturellen Geöffnetheit—Geschlossenheit wird im wesentlichen von der Bildungstiefe der Vererzung, den physikalisch-mechanischen Eigenschaften der Nebengesteine, dem geotektonischen Regime sowie dem Typ und der Intensität der Verformung bestimmt.

Eine vorläufige Analyse der vorhandenen Daten gestattet die Aussage, daß für die Bildung von Lagerstätten eines beliebigen genetischen Typs in der Regel ein bestimmter Grad der strukturellen Geöffnetheit—Geschlossenheit des Erzabsatzsystems am günstigsten ist. Bei seiner Veränderung in Raum und Zeit ist eine gesetzmäßige Veränderung der genetischen Charakteristiken der Vererzung festzustellen.

Im vorliegenden Aufsatz gilt die Hauptaufmerksamkeit der Klärung des Einflusses, den die vor der Vererzung entstandenen Gesteinsverformungen und die tektonische Aktivität des erzumgebenden Blocks auf die Formierungsbesonderheiten von Erzlagerstätten der verschiedenen genetischen Typen ausüben.

Magmatische Lagerstätten im engeren Sinne

Ein bestimmter Teil der endogenen Erzlagerstätten entsteht in der Periode des Werdens der sie umgebenden Intrusive. Wenn die Konzentration der Erze vor einer bestimmten Auskristallisation der Intrusivkörper er-

Übers.: W. OESTREICH, Berlin.

folgt, gehören die entstehenden Lagerstätten zum Frühtyp der Erzbildung. Nach wesentlicher oder völliger Auskristallisation der Silikatmassen kann die Erzsubstanz in einer Reihe von Fällen ausgepreßt werden und bildet Lagerstätten der Spätetappe.

Die Lagerstätten der Frühetappe (einige Typen der Chromit-, Apatit-, Titanomagnetit- und Kupfer-Nickel-Lagerstätten) können sowohl unter den ruhigen tektonischen Verhältnissen relativ stabiler Tafeln als auch unter den komplizierteren dynamischen Bedingungen mobiler Zonen entstehen.

Im ersten Fall entstehen schichtige Erzlager, konkordant zur Stratifizierung der sie enthaltenden Intrusive. Unter diesen Bedingungen entstanden insbesondere die nach Mächtigkeit und Lagerungsverhältnissen weithin aushaltenden schichtigen Chromitkörper in den Lagerstätten des Bushveld-Massivs.

In den mobilen Zonen entstehen die Intrusivkörper, die die magmatischen Lagerstätten enthalten, gewöhnlich in einer tektonisch sehr unruhigen Situation, was zur Entstehung erheblich komplizierterer Formen der Erzlager führt. So werden z. B. die Erzkörper der Chromitlagerstätten gefaltet, erfahren eine Boudinage, werden zerrissen und erleiden noch andere Verformungen bereits in der Kristallisationsperiode der Erz-Silikat-Schmelze. Sehr charakteristisch ist in dieser Periode die Entstehung linearflächiger Texturen, die die Laminarbewegung der auskristallisierten Erz-Silikat-Massen widerspiegeln (KRAWTSCHENKO 1969).

In der Spätperiode werden die plastischen Verformungen allmählich von spröden Verformungen abgelöst, was nur für Massive kennzeichnend ist, die sich in den mobilen Zonen und in den randlichen Teilen der aktivierten Tafeln formieren. Mit dieser Periode fällt die Bildung der magmatischen Lagerstätten der Spätetappe zusammen. Die Silikat-Erz-Schmelzen können dabei in Spalten ausgepreßt werden, die sowohl in den erzführenden Intrusiven als auch außerhalb von ihnen entstehen (sulfidische Cu-Ni-Lagerstätten). In manchen Gebieten erfolgt die Bildung der Erzlager der sulfidischen Kupfer-Nickel-Lagerstätten im Zusammenhang mit Bewegungen auf großen Scherstörungen. Auf den Titanomagnetitlagerstätten sind die Vorgänge der Auspressung der Erzmassen auf Spalten in großem Maße ausgebildet. Ähnliche Erscheinungen gibt es auch auf Chromitlagerstätten.

Am Beispiel der magmatischen Erzlagerstätten kann man die Wandlung des Verformungstyps vom zähen laminaren Fließen der flüssigen Magmen über plastische Verformungen der teilweise auskristallisierten Schmelzen bis zur Entstehung von Brüchen in den noch nicht vollständig verfestigten erzumgebenden magmatischen Massen verfolgen. Die Übergänge zwischen diesen Verformungstypen sind allmählich, und in einer Kristallisationsperiode der Erz-Silikat-Massen können sowohl plastische als auch spröde Verformungen gemeinsam auftreten.

Der Grad der strukturellen Geschlossenheit des Systems wird in den verschiedenen Etappen des Werdens der erzführenden Intrusive in bedeutendem Maße von den strukturtektonischen Verhältnissen bestimmt. Das System ist für die Lagerstätten der Frühetappe der Erzbildung geschlossen und wird in einer späteren Etappe der Erzbildung etwas offener.

Pegmatite

Die Pegmatite nehmen zwischen den magmatischen Lagerstätten im engeren Sinne und den hydrothermalen Lagerstätten eine Zwischenstellung ein. Den Hauptwert für die Industrie haben Pegmatite mit granitischer Zusammensetzung. Ihre Formierung erfolgt im allgemeinen unter den Verhältnissen der Bildung oder Verfestigung des granitischen Magmas. Durch die Arbeiten der letzten Jahre wurde ermittelt, daß die strukturgeologische Situation der Pegmatitbildung unterschiedlich ist (s. z. B. den „Sammelband von Vorträgen sowjetischer Geologen" 1965).

Unter den Verhältnissen der größten Tiefen (8 bis 12 km) entstehen die seltene Erden führenden Pegmatite (im folgenden TR-Pegmatite), die Orthit, Monazit und Thoriummineralien enthalten. Diese Pegmatite entstehen durch selektives Ausschmelzen bei den Vorgängen der Regionalmetamorphose in den wurzelnahen Teilen der Faltensysteme. Die Erzkomponenten werden in der magmatischen Etappe i. e. S. des Werdens der Pegmatite bei einer Temperatur in der Größenordnung von 700° in einem relativ offenen System (nach KORSHINSKI 1967) konzentriert. Für derartige Verhältnisse sind spröde Deformationen uncharakteristisch: Dominierend ist das plastische Fließen der in Metamorphose befindlichen Gesteine, das an einer Reihe von Stellen in Scherverformungen übergeht. In den Scherzonen, die sich über viele Kilometer hin erstrecken, werden eben die Felder der TR-Pegmatite lokalisiert.

In etwas geringeren Tiefen (in der Größenordnung von 6 bis 8 km) entstehen die Glimmerpegmatite, die in der Regel mit synorogenen Granitoiden in den Kernen von Antiklinorien und an den Rändern von starren Massiven zusammenhängen. Faltenverformungen sind nur für die Frühetappe der Bildung solcher Granitpegmatitkörper kennzeichnend, aber die bauwürdige Glimmerbildung entwickelt sich bereits in den konsolidierten Schichtfolgen, deren erhöhte Righeit durch die Verfestigung der Pegmatitkörper selbst bedingt wird. Die Bildung der grobkristallinen Glimmer hängt mit der Hydrolyse der Feldspäte und mit metasomatischen Prozessen zusammen, die die Pegmatite überprägen. Diese Erscheinungen erfolgen bei einer Temperatur von etwa 600° bei relativ ruhigen tektonischen Verhältnissen, entweder in geschlossenen Hohlräumen oder in Spalten im Pegmatitkörper. Intensivere Bewegungen wirken sich auf die Qualität des Glimmerrohstoffs negativ aus.

Die seltene Metalle führenden Pegmatite (im folgenden SM-Pegmatite) hängen in der Regel mit Graniten mäßiger Tiefen, nach der Faltung entstanden, zusammen, die längs der Achsenzonen großer Antiklinalen intrudierten, oder in Zonen des Zusammentreffens von Gesteinsblöcken von unterschiedlicher Mobilität und in großen Blöcken alter starrer Gesteine. Am günstigsten für die Bildung großer SM-Pegmatitfelder ist eine Tiefe in der Größenordnung von 3 bis 5 km. Die strukturellen Bildungsverhältnisse der SM-Pegmatite sind unterschiedlich. NEDUMOW (Sammelband 1965) unterscheidet zwei Endglieder (extreme Gruppen) dieser Pegmatite. Die Pegmatite der ersten Gruppe entstehen unter den Verhältnissen einer schwachen Durchlässigkeit der Nebengesteine bei geringer Aktivität der tektonischen Bewegungen. Die Körper dieser Pegmatite liegen gewöhnlich in Graniten, fern von Brüchen; der innere Bau der Pegmatitkörper ist kompliziert polyzonar; in der Mineralbildung spielen die flüchtigen Komponenten (Bor, Fluor u. a.) eine große Rolle. Die Pegmatite der zweiten Gruppe entstehen bei erhöhter tektonischer Aktivität, unter den Bedingungen einer hohen Durchlässigkeit der Nebengesteine. Die Felder solcher gewöhnlich vollständig differenzierten Pegmatite ziehen sich längs regionalen Brüchen hin. Der Prozeß der Pegmatitbildung dauert lange an, es entwickeln sich spröde Verformungen, wodurch eine gutausgeprägte regionale Zonalität entsteht. In den durchlässigsten Bereichen kristallisiert die Schmelze infolge des massenhaften Verlustes an Volatilen schneller, und es entstehen Gänge von Granitporphyren und Apliten. Die Erzführung der Pegmatite dieser Gruppe hängt mit überprägenden metasomatischen Vorgängen (Albitisierung) zusammen, die bei wiederholter Öffnung der die Pegmatitkörper umgebenden Spalten in großem Maße in Erscheinung treten.

In Teufen geringer als 3 bis 5 km entstehen bereits keine SM-Pegmatite mehr: Unter den Verhältnissen geringerer allseitiger Drücke entwickeln sich in den Granitmassiven Vorgänge der flächenhaften Albitisierung und Vergreisung, es entstehen sog. Apogranite, häufig mit industriell interessanter SM-Mineralisation.

In der geschlossensten Situation, aber in geringeren Tiefen (in der Größenordnung von 1,2 bis 2,5 km) entstehen in hypabyssischen, nach der Faltung entstandenen Graniten die Kammerpegmatite, eine wichtige Quelle der piezooptischen Rohstoffe. Die Lokalisation dieser Pegmatitkörper wird entweder von der Skulptur des Hangenden des Intrusivs oder durch seine primäre Klüftung bestimmt. Eine notwendige Bedingung für die Entstehung bergkristallführender Kammern ist die Geschlossenheit des Hohlraums, die nur bei tektonischer Ruhe möglich ist, unter einem Schirm ungestörter Gesteine in flachen Scheitelkontraktionsklüften.

Daher kann das Werden der Granitmassive von einer Pegmatitbildung in einer unterschiedlichen strukturellen Situation begleitet werden. Bei Vorhandensein tektonisch aktiver Scherzonen können jedoch nur TR-Pegmatite (in großen Tiefen) entstehen; im Falle intensiver Faltenverformungen entstehen Glimmerpegmatite, obgleich die Bildung industriell verwertbarer Glimmer nach der Konsolidierung der Blöcke und der Erhöhung ihrer Righeit beginnt; in regionalen Scherzonen entstehen in geringeren Tiefen schwach erzführende vollständig differenzierte Pegmatite, während reine SM-Pegmatite entweder in einem geschlossenen Medium an den Endokontakten der Granite oder bei überprägenden metasomatischen Vorgängen in einer relativ ruhigen Situation entstehen. In geringen Tiefen, aber bei erhaltener Geschlossenheit des Systems, können schließlich bergkristallführende Kammerpegmatite entstehen.

Hydrothermale Lagerstätten

Als Beispiele, die die Wechselwirkung zwischen den genetischen Besonderheiten der Vererzung und der strukturellen Geöffnetheit—Geschlossenheit des Erzabsatzsystems kennzeichnen, behandeln wir Lagerstätten, die mit Skarnen zusammenhängen, sowie hydrothermale Wolframit- und Golderzlagerstätten.

Lagerstätten in Kalkskarnen

Die mit Kalkskarnen zusammenhängenden Lagerstätten entstehen bei den höchsten Temperaturen des postmagmatischen Prozesses. Sie liegen in Gebieten mit tiefangelegten Brüchen, die die magmatische Tätigkeit kontrollieren. Zu Beginn der Lagerstättenbildung sind diese Brüche völlig verheilt. Die Skarne und die nachfolgende Vererzung bilden sich unter den Verhältnissen des Wiederauflebens und der weiteren Entfaltung der tektonischen Aktivität in den Bruchzonen und den an sie anschließenden Blöcken. Die Herausbildung der industriell verwertbaren Erzakkumulationen auf diesen Lagerstätten dauert lange Zeit an; sie erfolgt im Verlauf mehrerer Mineralbildungsstadien, die bei allgemein sinkender Temperatur in Erscheinung treten, und unter strukturellen Verhältnissen, die sich von geschlosseneren zu offeneren hin wandeln. Die nach Korshinski (1955) bei den höchsten Temperaturen entstehenden, im wesentlichen bimetasomatischen Skarne werden in Zonen plastischer Verformungen lokalisiert, die Kontakten mit Gesteinen karbonatischer oder alumosilikatischer Zusammensetzung folgen (Tschernyschew 1961). Die bei weniger hohen Temperaturen entstehenden, im wesentlichen Infiltrationsskarne und die sie begleitende Vererzung formieren sich im Zusammenhang mit kurzen verstreuten Brüchen, die vorwiegend längs Kontakten von Granitoiden, effusivterrigenen Schichten oder bimetasomatischen Skarnen mit karbonatischen Gesteinen ausgebildet sind (Abb. 1). In den Spätstadien werden die Infiltrationsskarne auch durch durchsetzende Brüche kontrolliert.

Unter ähnlichen Bedingungen, aber bei stärkerer Betonung von Rolle und Maßstab der durchsetzenden (schneidenden) verstreuten Brüche, entstehen nach der Infiltrationsskarnbildung auf verschiedenen Lagerstätten die ältesten der produktiven (Erz-)Assoziationen: die Quarz-Kalzit-Pyroxen-Andradit-Assoziation, die Amphibol- oder die Quarz-Feldspat-Assoziation mit Scheelit, Magnetit oder Molybdänit, möglicherweise auch Sphalerit und anderen Sulfiden in der Paragenese. Die nachfolgenden Mittel- und Niedertemperaturstadien der Mineralbildung bedingen die Ausbildung der die Skarne überprägenden monometallischen oder komplexen Erze des Wolframs, Eisens, Molybdäns, Kupfers, Zinks, Bleis und einiger anderer Metalle. Sie treten in Lokalitäten auf, bei denen sich die verstreuten Brüche zu ausgedehnten konzentrierten disjunktiven Störungen vereinigen (Lukin 1968). Die Bildung der die Skarne überprägenden Erze wird von einer intensiven Zersetzung der Skarne unter der Bildung von Quarz-Kalzit-Erzmetasomatiten mit Talk und Aktinolith begleitet, bei geringeren Temperaturen mit Chlorit. Die jüngste produktive Mineralassoziation auf den Skarnlagerstätten ist die Quarz-Kalzit-Serizit-Assoziation, die vom Auftreten einer Gold- oder Blei-Zink-Vererzung begleitet wird. Diese Assoziation entwickelt sich im Zusammenhang mit großen konzentrierten Brüchen. Der Prozeß der endogenen Mineralbildung wird gewöhnlich mit der Entstehung von Quarz-Karbonat-Baryt-Gängen mit Sulfosalzen oder Sulfiden abge-

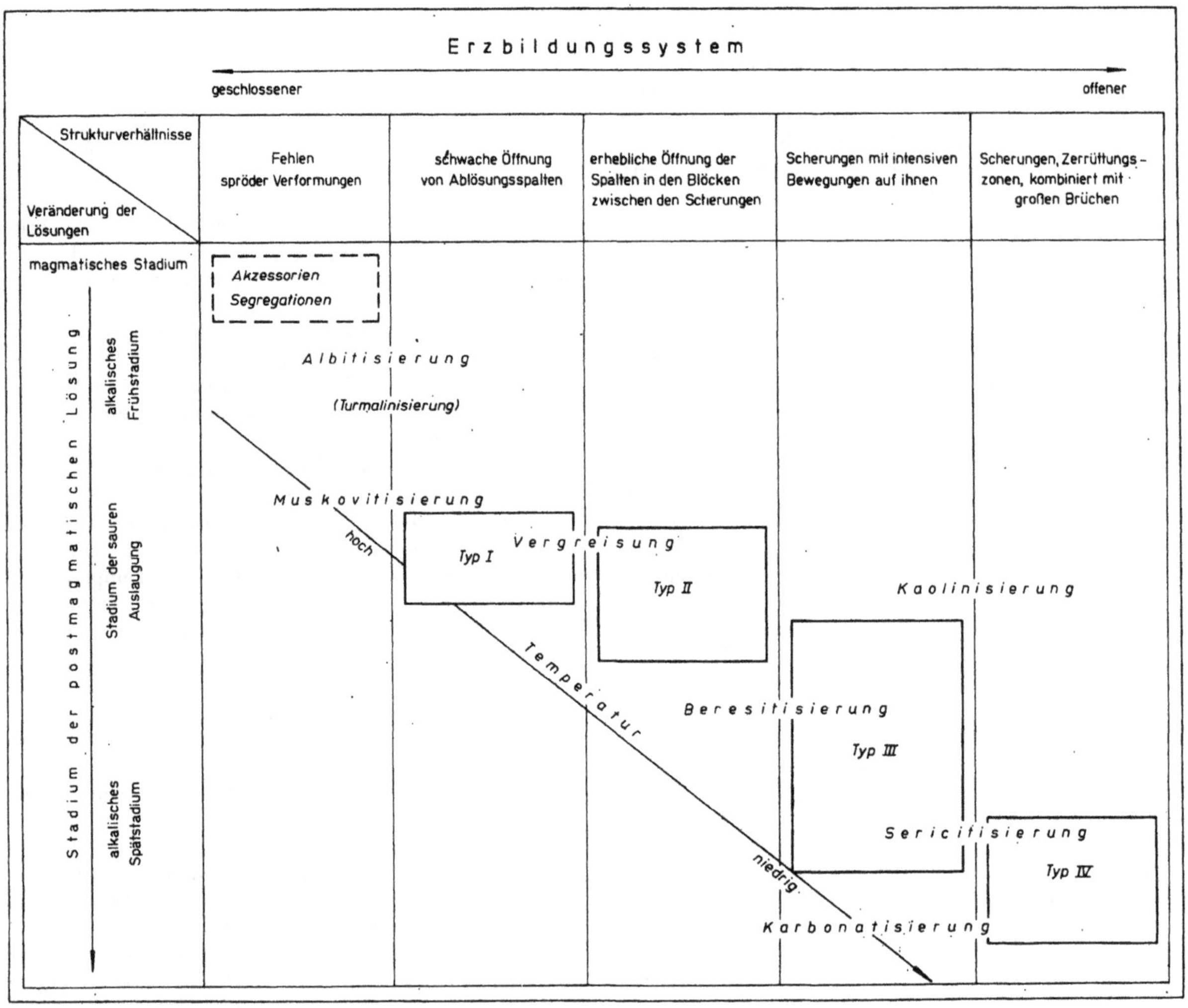

Abb. 1. Die strukturellen Verhältnisse bei der Entwicklung der Mineralisation, die mit Kalkskarnen im Zusammenhang steht (vorläufiges Schema)

Typ I – Quarz-Wolframit-Greisenlagerstätten i. e. S.; Typ II – Quarz-Wolframit-Hochtemperaturlagerstätten; Typ III – Quarz-Wolframit-Mitteltemperaturlagerstätten; Typ IV – Ferberit-Antimonit-Niedertemperaturlagerstätten. Durch gesperrte Kursivschrift werden die charakteristischen Nebengesteinsveränderungen angegeben.

schlossen. Diese Gänge entstehen im räumlichen Zusammenhang mit großen durchsetzenden Brüchen, in Spalten, unter den offensten Strukturverhältnissen.

Im Bereich der Lagerstätten und Erzkörper ist das Auftreten der meisten obengenannten Mineralassoziationen festzustellen. Die grundlegende industrielle Bedeutung der isolierten Erzakkumulationen wird jedoch von der Ausbildung der produktiven Mineralassoziationen von zwei bis drei Stadien bestimmt. Dementsprechend können innerhalb der Skarnlagerstätten mehrere mineralische Typen unterschieden werden, die sich nach der Intensität der Geöffnetheit (Öffnung) des strukturellen Systems der Erzbildung unterscheiden. Hierbei ist festzustellen, daß in einem geschlosseneren Struktursystem die Verteilung der Vererzung in erheblichem Grade von der chemischen Zusammensetzung und dem Mineralbestand der Nebengesteine abhängt. Dies tritt in der deutlichen Selektivität der Erzmetasomatose und in der Übernahme einzelner Komponenten der verdrängten Gesteine durch die Erzmineralien in Erscheinung. In offeneren Struktursystemen wird die Selektivität der Erzmetasomatose auch durch deren physikalisch-mechanische Eigenschaften bestimmt, insbesondere durch die effektive Porosität. Hierbei kann die Bildung der Erzmineralien von einer Abfuhr aller Komponenten der verdrängten Gesteine begleitet werden.

Wolframitlagerstätten

Die Wolframitlagerstätten werden in vier genetische Typen untergliedert (Malinowski 1965). Die (pneumatolytischen ?) Quarz-Wolframit-Greisenlagerstätten i. e. S. (Typ I) formieren sich in den Frühstadien der Erstarrung erzführender Granitmassive, unter den Verhältnissen einer äußerst schwachen tektonischen Gestörtheit des Hangenden. Die Erzkörper solcher Lagerstätten entstehen als Ergebnis einer starken Infiltrationsmetasomatose. Die Quarz-Wolframit-Hochtemperaturlagerstätten (Typ II) entstehen bei der Ausfüllung von Spalten unterschiedlicher Entstehung, die sich infolge der Reduzierung des Volumens der erstarrenden

Intrusiva oder unter dem Einfluß tektonischer Kräfte gleichmäßig auftun. Die vor der Vererzung entstandenen Scherstörungen, die quer zum Streichen des Hauptzugs der Gänge orientiert sind, bleiben im Bereich solcher Lagerstätten erzfrei. Die Quarz-Wolframit-Mitteltemperaturlagerstätten (Typ III) entstehen unter den Verhältnissen nichtaufhörender tektonischer Bewegungen in den Gesteinen des Hangenden der erzführenden Massive. Die Erzgänge entstehen durch Ausfüllung von Öffnungshohlräumen längs gebogener Verwerfungsflächen oder durch metasomatische Verdrängung der zerschieferten Nebengesteine. Die Ferberit-Antimonit-Niedertemperaturlagerstätten (Typ IV) liegen in erheblicher Entfernung von den möglicherweise erzführenden Intrusivmassiven, vorwiegend in Zerrüttungszonen, die mit großen Brüchen von regionaler Bedeutung zusammenhängen.

Die Wolframitlagerstätten jedes genetischen Typs zeichnen sich durch ganz bestimmte Nebengesteinsveränderungen, die stoffliche Zusammensetzung, die Texturen der Erze, die Morphologie der Erzkörper und durch andere Besonderheiten aus, die mit den strukturellen Verhältnissen der Lagerstättenbildung eng zusammenhängen und in erheblichem Maße von ihnen bedingt werden. Die Gegenüberstellung aller erhaltenen Daten gestattet uns, ein Diagramm vorzuschlagen, das nach den Koordinaten „Strukturverhältnisse — Evolution der Lösung" aufgebaut ist (Abb. 2). Dieses Diagramm spiegelt die allgemeine Gesetzmäßigkeit in der Bildung der großen Wolframitlagerstätten wider: Mit der Erhöhung der Kompliziertheit der Struktur des Bereichs und des Grades der Öffnung des Systems sinkt die Temperatur der Hauptmineralisationsstadien, und es erfolgt eine gerichtete Veränderung der physikochemischen Eigenschaften der erzbildenden Lösung.

Große Quarz-Wolframitlagerstätten sind bei jedem der vier unterschiedenen genetischen Typen bekannt. Bedeutende Konzentrationen von Wolframiterzen können in einem ziemlich breiten Intervall der Strukturverhältnisse entstehen; aber in einer bestimmten strukturgeologischen Situation entstehen sie nur dann, wenn infolge verschiedener Ursachen die Mineralisationsprozesse des entsprechenden Stadiums in der Reihe der Veränderung von Azidität—Alkalität eine dominierende Entwicklung erfahren.

Golderzlagerstätten

Innerhalb der Golderzlagerstätten i. e. S., die unter verschiedenen geologischen Verhältnissen entstehen (Roshkow 1968), treten hinreichend bestimmt vier Gruppen von Lagerstätten hervor, die sich bei unterschiedlicher struktureller Geöffnetheit (Öffnung) des Erzbildungssystems formieren. Die Lagerstätten der ersten Gruppe (vom Typ Kolar, Kalgoorlie, Muruntau) entstehen in erheblichen Tiefen, bei führender Rolle plastischer Verformungen der Nebengesteinsfolgen und bei der Bildung lokaler Brüche in Abhängigkeit von

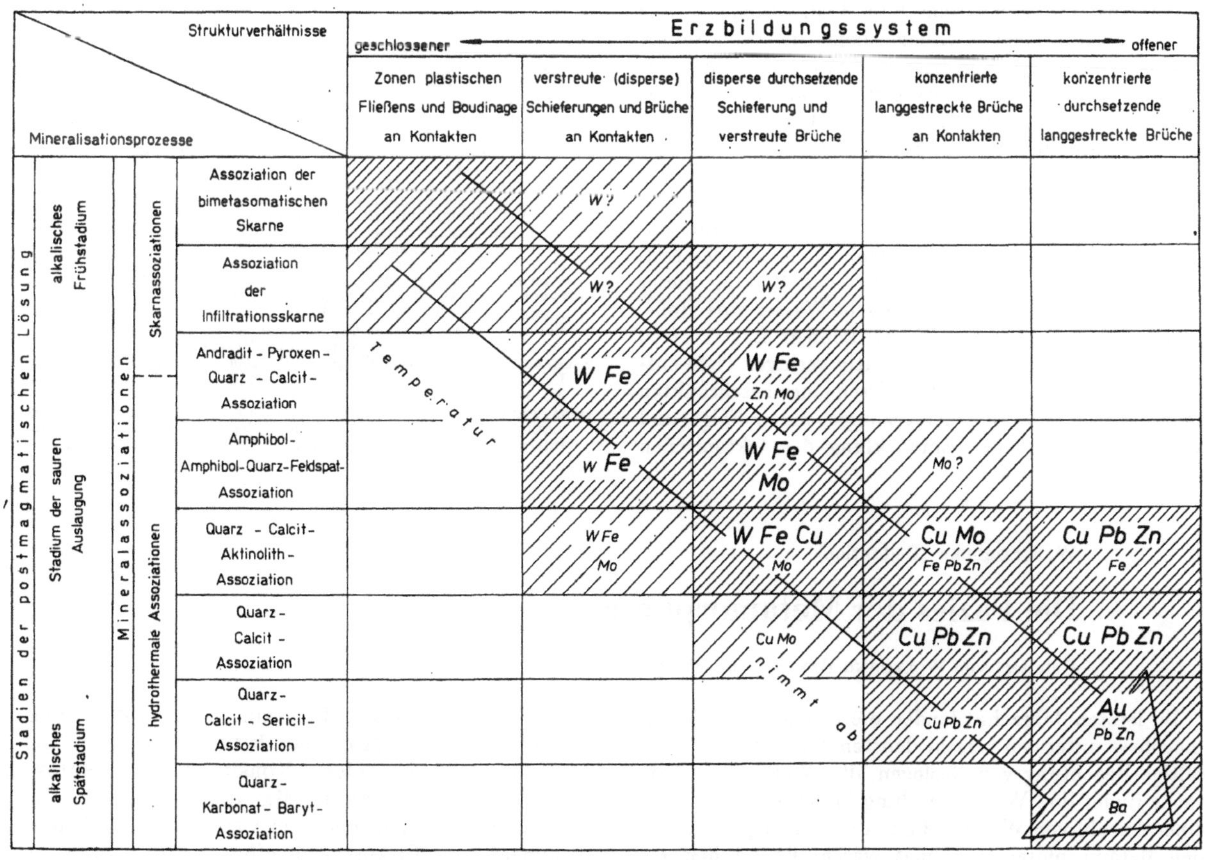

Abb. 2. Die Bildungsverhältnisse der wichtigsten Wolframitlagerstätten
Durch die Schraffur werden die Bedingungen der vorwiegenden Entwicklung der Mineralassoziation bezeichnet. Die Größen der Symbole der Elemente bringen die relative industrielle Bedeutung der Erzkonzentrationen zum Ausdruck.

den physikalisch-mechanischen Eigenschaften der Gesteine und den Besonderheiten der Faltung. Die Geöffnetheit (Öffnung) des Struktursystems wird hier durch kleine Abblätterungshohlräume, Schieferungs- und Quetschungszonen, „eingeschliffene" Scherstörungen und kleine Abrißspalten bestimmt, d. h., im ganzen kann sie mit Einschränkung klassifiziert werden. Die Formierung der Erzkörper erfolgt bei Vorherrschen von metasomatischen Prozessen: Reiche Erzakkumulationen entstehen in den Endstadien der Verformung bei vorwiegender Zerrüttung der Quarzkörper, unter einer herabgesetzten Öffnung des Systems.

Die Lagerstätten der zweiten Gruppe, hauptsächlich Ganglagerstätten (vom Typ Kotschkar, Dshelambet u. a.), entstehen bei intensiven Scherverformungen, im Zeitraum des Abschlusses der Faltung, in mäßigen Tiefen. Für sie ist eine Lokalisierung der Vererzung hauptsächlich in kompetenteren Gesteinen (Intrusivkörpern, massigen Sandsteinen), die in einem relativ plastischeren Medium eingeschlossen sind, kennzeichnend. Die Geöffnetheit (Öffnung) des Struktursystems des Erzabsatzes ist in den Anfangsstadien der Erzbildung erheblich, während sie in den produktiven Stadien, im Zusammenhang mit der Ausheilung der Klüfte durch Quarz (infolge Ausfüllung und Metasomatose), beschränkter ist.

Die Lagerstätten der dritten Gruppe entstehen unter den Verhältnissen einer hohen Öffnung des Systems in geringen Tiefen. Sie stehen in engem Zusammenhang mit vulkanischen Bildungen (die Lagerstätten Transsylvaniens, die Zonen von San Juan—Boulder) und mit Bruchstörungen in Ablagerungen der Molasseserie (Gebiet von Balej). Für diese Lagerstätten ist die Ausbildung von Ausfüllungsgängen charakteristisch, die sich bei progressiver Öffnung der Hauptscherspalten und -abrißspalten bilden. Hier entstehen häufig Erzspalten, die den Bereichen einer örtlichen Beschränkung der Öffnung des Systems (halbdurchlässige Abschirmungen usw.) folgen, obgleich im ganzen für das System ein unmittelbarer Zusammenhang mit der Erdoberfläche kennzeichnend ist. Bei der Bildung dieser Lagerstätten spielen atmosphärische Wässer eine Rolle.

Als vierte besondere Gruppe können Lagerstätten ausgeschieden werden, die in relativ geringer Tiefe entstehen, aber unter den Verhältnissen einer beschränkten Öffnung, die vom Bau der erzumgebenden Folge und von der Eigenart der Entwicklung der tektonischen Verformungen bestimmt wird. Die Vererzung entwickelt sich hier im wesentlichen durch Metasomatose (Zentraler Aldan u. a.).

*

Die für einige Typen von Erzlagerstätten angeführten Daten zeugen von allgemeinen Entwicklungsgesetzmäßigkeiten der Struktur des erzumgebenden Blocks. Für die Lagerstätten aller Typen ist eine allmähliche Ablösung der frühen, vorwiegend plastischen Verformung durch eine spröde Verformung festzustellen, was mit der allgemeinen Zunahme der Righeit des erzumgebenden Blocks zusammenhängt. Die produktiven Erzassoziationen der verschiedenen genetischen Typen entstehen auf verschiedenen Etappen dieses Gesamtprozesses. Die Zunahme der Rolle der spröden Verformungen und ihre progressive Entwicklung unter bestimmten Bedingungen bei Zunahme der Righeit des erzumgebenden Blocks bedingen eine Erhöhung des Grades der relativen strukturellen Geöffnetheit (Öffnung) des Systems der Erzbildung und die Bildung einer bei immer geringeren Temperaturen entstehenden Vererzung.

Die Verf. sind der Auffassung, daß man die relative strukturelle Geöffnetheit—Geschlossenheit des Systems der Erzbildung bei einer Ausarbeitung der Theorie der Erzbildung und der genetischen Systematik der Erzlagerstätten berücksichtigen muß.

Literatur

KORSHINSKI, D. S.: Petrochemische Analyse der Phlogopit- und Muskovitlagerstätten Ostsibiriens. — Im Buch „Die Glimmer der UdSSR", ONTI-NKTP SSSR, Moskau—Leningrad 1937.

— Abriß der metasomatischen Prozesse. — Im Buch „Grundprobleme der Lehre von den magmatogenen Erzlagerstätten". Verlag der Akademie der Wissenschaften der UdSSR, Moskau 1955. Die deutsche Übersetzung des „Abrisses der metasomatischen Prozesse" erschien im Akademie-Verlag, Berlin 1965.

KRAWTSCHENKO, G. G.: Die Rolle der Tektonik bei der Kristallisation der Chromiterze des Kempirsaj-Plutons. — Verl. Nauka, Moskau 1969.

LUKIN, L. I. (Redaktion): Die Besonderheiten der Strukturen der hydrothermalen Erzlagerstätten in verschiedenen Strukturstockwerken und -stufen. — Verl. Nauka, Moskau 1968.

MALINOWSKI, J. P.: Die strukturellen Verhältnisse bei der Formierung der Wolframit-Ganglagerstätten. — Verl. Nauka, Moskau 1965.

ROSHKOW, I. S.: Die Besonderheiten der Golderzlagerstätten der mobilen Zonen und der Tafeln. — Im Buch „Die endogenen Erzlagerstätten". Vorträge der sowjetischen Geologen auf der 23. Session des Internationalen Geologenkongresses. Verl. Nauka, Moskau 1968.

TSCHERNYSCHEW, W. F.: Einige strukturelle Besonderheiten bei der Lokalisierung der Kalkskarne. — Geologija rudnych mestoroshdenij, No. 3 (1961).

Ohne Verfasserangabe: Sammelband „Mineralogie und Genese der Pegmatite". Vorträge der sowjetischen Geologen auf der 22. Session des Internationalen Geologenkongresses. — Verl. Nedra, Moskau 1965.

W. S. SOBOLEW (Redaktion)

Die Fazies der Metamorphose

Referiert von WOLFGANG BEYER, Schneeberg

Im letzten Jahrzehnt fanden die Probleme der Metamorphose unter den verschiedensten Aspekten eine vielfältige Beachtung von Geologen aller Welt. Diese Tatsache findet ihre Widerspiegelung in den Publikationen einer Anzahl von Werken, die in dieser oder jener Form den Metamorphiten gewidmet waren. Es sei hier erinnert an Autoren wie TURNER, VERHOOGEN, FYFE, TUTTLE, YODER, MIYASHIRO, WINKLER sowie in der Sowjetunion insbesondere KORSHINSKIJ, ELISEJEW, SUDOWIKOW, SEMENENKO, MARAKUSCHEW u. a. Ungeachtet dessen blieb noch ein weites Feld für Untersuchungen und Diskussionen offen, die das ungemein diffizile Gebiet der metamorphen Gesteine und überhaupt der Metamorphose behandeln.

Verlag „Nedra", 432 S., 46 Tab., 112 Abb., Moskau 1970 (russ.).

Unter diesem Gesichtspunkt ist auch das zu referierende Werk zu sehen. Das Autorenkollektiv der vorliegenden Monographie hat unter der Leitung von Akademiemitglied W. S. SOBOLEW vom Institut für Geologie und Geophysik der Sibirischen Abteilung der Akademie der Wissenschaften der UdSSR die Aufgabe übernommen, die sowjetische und internationale Literatur über den Problemkreis der Metamorphose kritisch zu durchleuchten, auf Grund eigener Untersuchungen neue Ansichten aufzubauen und eine Reihe theoretischer Fragen neu zu bearbeiten. Dazu gehören u. a. die Rolle von H_2O und CO_2 bei der Metamorphose, die Rolle der orientierten Belastung, die Veränderung der Solidustemperatur von Silikaten in trockenen Systemen mit dem Druck und weitere Fragen des thermodynamischen Gleichgewichts bei der Metamorphose. Es wurden eine statistische Bearbeitung der wichtigsten gesteinsbildenden Minerale bei der Metamorphose vorgenommen und in allgemeiner Form der Stoffbestand der Metamorphite berührt.

Auf der Grundlage vieljähriger Arbeiten konnten ein neues Faziesschema erarbeitet und einige regionalgeologische Verallgemeinerungen getroffen werden. Eine Etappe der Arbeiten dieser Autoren war die Zusammenstellung der „Karte der metamorphen Fazies der UdSSR" im Maßstab 1:7500000, die im Jahre 1966 verlegt worden ist (DOBREZOW u. a. 1966).

Die vorliegende Monographie umfaßt nicht das gesamte Gebiet der Metamorphose. Ihre Hauptaufgabe erblickten die Autoren vielmehr in einer Betrachtung der Metamorphose und speziell der metamorphen Fazies unter dem Blickwinkel ihrer physikochemischen Bedingungen, insbesondere der Temperatur und des Drucks. Die Autoren sehen es vorläufig als unzweckmäßig an, auch die Parameter P_{H_2O} und P_{CO_2} zu berücksichtigen, wie es viele andere machen, da diese Parameter in Übereinstimmung mit TURNER, KORSHINSKIJ u. a. nicht als völlig unabhängige Faktoren angesehen werden können. Die Zusammensetzung und die primäre Natur der Metamorphite sowie die Fragen der Metasomatose und der Vererzung werden nur insoweit in den Kreis der Erörterungen einbezogen, wie es für die erwähnte Hauptaufgabe der Autoren notwendig erschien. Gleichzeitig werden die Fazies der Metamorphose und die damit zusammenhängenden Fragen mit einer z. T. ins Detail gehenden großen Sorgfalt behandelt. Für diese Genauigkeit bei der Analyse der vorhandenen Literatur spricht nicht zuletzt die umfangreiche Bibliographie von 1162 Titeln.

Das vorliegende Werk besteht aus drei Teilen. Im ersten werden die experimentellen Arbeiten mitgeteilt, die für die physikochemischen Bedingungen der Metamorphose von Interesse sind, und er umfaßt sowohl eigene Arbeiten als auch die Arbeiten des internationalen Schrifttums. In erster Linie sind es die pt-Bedingungen der Metamorphose, die Verhältnisse der leichtflüchtigen Komponenten in den Porenfluiden der Gesteine, die Bedeutung der Redoxpotentiale u. a. Fragen. Hier wurden praktisch alle wichtigen Arbeiten der internationalen Literatur bis einschließlich 1967 und sogar noch später berücksichtigt.

Der zweite Teil ist zunächst den Hauptfaktoren der Metamorphose gewidmet, die das Aussehen und die mineralogische Zusammensetzung der Metamorphite bestimmen. Daran schließt sich ein ausführlicher historischer Abriß der Prinzipien der metamorphen Fazies an, der mit BECKE, GRUBENMANN und ESKOLA beginnt und mit WINKLER und MIYASHIRO abschließt. Der Hauptinhalt dieses zweiten Abschnitts bildet jedoch die kurze Erläuterung des neu vorzuschlagenden Faziesschemas der Metamorphite.

Im dritten Teil der Monographie werden Fragen der stofflichen Zusammensetzung der Metamorphite aufgegriffen. In diesem Teil werden der geochemische Charakter der Metamorphose, die Metasomatose und deren Rolle bei verschiedenen pt-Bedingungen u. a. m. abgehandelt. Ferner enthält er eine allgemeine Beschreibung der wichtigsten Minerale metamorpher Gesteine (Feldspäte, Pyroxene, Amphibole, Biotite, Chlorite, Skapolithe, Olivin, Granate, Cordierit usw.). Dabei können für eine ganze Reihe von Mineralen völlig neue Tatsachen mitgeteilt werden, die durch statistische Bearbeitungen erhalten wurden.

Nach diesem allgemeinen Überblick soll im weiteren nicht der hohe Informationsgehalt des Werkes detailliert referiert werden, was ein schwieriges Unterfangen wäre, sondern es soll hier lediglich sein Kernstück, das neue Faziesschema, ausführlicher zur Behandlung kommen.

Die ursprünglichen Ansichten über die Entstehung der kontaktmetamorphen (Zusammenhang mit magmatischen Massen oder deren Lösungen) und regionalmetamorphen (Versenkung der Gesteine in größere Tiefen) Gesteine können heute nicht mehr als eindeutig begründet angesehen werden. So braucht bei einer allgemeinen geothermischen Tiefenstufe die Versenkung der Schichten bis zu 10 bis 20 km Tiefe keineswegs zur Metamorphose zu führen. Andererseits werden typisch regionalmetamorphe Gesteine mitunter in bedeutend geringeren Tiefen gebildet und hängen zweifellos mit der Einwirkung magmatischer Massen zusammen. Die Metamorphose, die nach den Autoren in überwiegendem Maße isochemischer Natur ist, entsteht immer unter dem Einfluß wäßriger Lösungen. Aus experimentellen Arbeiten ist bekannt, daß bei Temperaturen unterhalb 1000 °C im trockenen Zustand die Mehrheit der Reaktionen und der für die Metamorphose charakteristischen Erscheinungen der Rekristallisation der Silikate entweder überhaupt nicht oder nur sehr langsam abläuft. Die metamorphosierenden Lösungen entstehen entweder durch magmatische Massen oder werden unmittelbar bei den mineralbildenden Reaktionen frei. Bei der regressiven Metamorphose werden die metamorphen Reaktionen infolge des Fehlens von Lösungen verkürzt, und es treten Relikte des vorangegangenen Zustandes auf.

Die Bildungstemperaturen typischer metamorpher Gesteine bewegen sich im Temperaturbereich zwischen 300 und 400 °C bis 1000 °C und seltener bis 1200 °C. Gewisse Gesteine behalten dagegen bis zu 1500 bis 1600 °C ihren alten Zustand; solche Temperaturen werden unter natürlichen Bedingungen nur in bestimmten Fällen erreicht.

Die Erfolge der experimentellen Mineralbildung ergaben für die Erdkruste eine obere Druckgrenze von 17 bis 25 kbar. Diese Grenze übersteigt in bedeutendem Maße den lithostatischen Belastungsdruck. Er erreicht bei der Metamorphose von Sedimenten in 20 km Tiefe

5 bis 6 kbar; an der MOHO-Diskontinuität erreicht er sogar bei einer Mächtigkeit bis zu 50 km der überlagernden Schichten 14 kbar. Hieraus ergibt sich zweifellos, daß der zur Metamorphose führende Druck auch auf tektonische Bewegungen u. a. Ursachen zurückgeführt werden muß. Aus dieser Tatsache resultiert auch die Trennung der regionalmetamorphen Fazies in zwei Faziesgruppen unterschiedlichen Drucks.

Diese und andere Erwägungen bildeten für das Autorenkollektiv die Grundlage für den Aufbau eines neuen Schemas der metamorphen Fazies (Abbildung). Dieses Faziesschema stellt eine Weiterentwicklung und Vertiefung der bekannten Schemata von ESKOLA (1939) und TURNER & VERHOOGEN (1961) dar. Die Autoren erblickten eine optimale Variante für das vorliegende Faziesschema nur in einer Verknüpfung der erwähnten Schemata, der Arbeiten von KORSHINSKIJ und BOWEN und des Prinzips der Isograde von BARROW-TILLEY unter Berücksichtigung der gegenwärtigen physikochemischen Vorstellungen und experimentellen Arbeiten (sowie einer weitestgehenden Beachtung der geologischen Verhältnisse).

Die prinzipiellen Besonderheiten des neuen Faziesschemas beruhen auf ihrer klaren Abtrennung von Fazies hoher Drücke und einer nach Möglichkeit eindeutigen Bestimmung der Grenzen und Größe der Fazies mit Hilfe wichtiger monovarianter Gleichgewichte. Die Größe der Fazies entspricht im vorgelegten Faziesschema jedoch nur annähernd dem Schema von TURNER & VERHOOGEN, weshalb sich auch ein Umbau der herkömmlichen Faziesnamen und -grenzen notwendig machte. Die meisten Fazies waren in der Vergangenheit bekanntlich nach basischen Gesteinen benannt. Außerdem war z. B. die Sanidinitfazies nach dem Mineral Sanidinit benannt, das keinerlei bestimmten pt-Bedingungen der Mineralbildung entspricht. Auf diesen und anderen Ursachen bauen auch die terminologischen Veränderungen im vorgeschlagenen Faziesschema auf. Diese Veränderungen bestehen in der Abschaffung von unbefriedigenden Faziesnamen, in der Präzisierung der Namen kontaktmetamorpher Fazies und in der Einführung von Faziesnamen nach metapelitischen Paragenesen, die hinsichtlich der Fazies mittleren Drucks gleichberechtigt mit den alten Benennungen verwendet werden können.

Die metamorphen Fazies sind nach den Autoren die wichtigsten Fälle von Mineralfazies, die ein bestimmtes pt-Gebiet der Metamorphose umgrenzen, das durch die Linien einiger der wichtigsten monovarianten Mineralreaktionen bestimmt wird. Jede Grenze entspricht somit in irgendeiner Weise auch dem Prinzip der Isograde.

Im vorgeschlagenen Faziesschema wurden nach den herrschenden Druckverhältnissen folgende Faziesgruppen ausgehalten:

A = Fazies niederen Drucks (Kontaktmetamorphose);
B = Fazies mittleren Drucks (allgemeine Regionalmetamorphose);
C = Fazies hohen Drucks (Metamorphose von Zonen hohen Drucks);
D = Fazies überhohen Drucks (im Erdmantel).

Außer der Faziesgruppe D werden die übrigen drei Faziesgruppen in vier Untergruppen geteilt, die Fazies unterschiedlicher Temperaturen verkörpern. Eine niedrigtemperierte Metamorphose fehlt in der Faziesgruppe A, und die Fazies A_4 stellt nur die metasomatisch-hydrothermalen Bildungen dar. Auf der anderen Seite ist in der Faziesgruppe A eine Fazies sehr hoher Temperatur (A_0) abgetrennt (Sanidinitfazies). In der Faziesgruppe B sind der Fazies der Grünschiefer (B_4) die „Zeolithfazies" und die regionale Epigenese zugerechnet, die strenggenommen nicht dem Begriff der metamorphen Fazies entsprechen, aber als Mineralfazies (B_5) ausgehalten wurden.

Während die Grenzen zwischen den Faziesgruppen B und C nach den pt-Bedingungen relativ klar sind, ist die Grenze zwischen den Faziesgruppen A und B weniger eindeutig. Hier müssen neben wenigen mineralogischen und physikochemischen Daten auch geologische Angaben zur Abgrenzung der Faziesgruppen herangezogen werden. Bekanntlich gehen die Übergänge von kontakt- zu regionalmetamorphen Gesteinen nur allmählich vor sich. Hier kann, wie auch in anderen Fällen, nur eine weitere Sammlung experimenteller und mineralogischer Daten Klarheit verschaffen.

Im weiteren soll eine kurze Charakteristik der Faziesgruppen und Fazies folgen.

Faziesgruppe A

Die Fazies niederen Drucks entsprechen hauptsächlich der Kontaktmetamorphose. Der allgemeine Druck reicht von 1 bis zu 3000 bis 4000 atm; 3000 atm werden meist nicht überstiegen. Typisch ist hier eine starke Schwankung des H_2O- und CO_2-Partialdrucks. In der am höchsten temperierten Fazies A_0 ist auch eine „trockene" Metamorphose wahrscheinlich. Das Temperaturintervall dieser Faziesgruppe reicht von 700 °C (öfter 1000 bis 1100 °C) bis 1200 °C.

1. A_0 = Spurrit-Merwinit-Fazies

Analogon der Sanidinitfazies ESKOLAS. Sie liegt im höchsten Temperaturbereich (900 bis 1200 °C) und niedrigsten Druckintervall (1 bis zu 200 bis 300 atm). Nach oben wird die Fazies durch die Schmelzlinie des Basalts begrenzt. Vorhandene Karbonatgesteine können in zwei Subfazies untergliedert werden (Merwinit-Calcit- und Monticellit-Tilleyit-Subfazies; letztere ist niedriger temperiert).

2. A_1 = Pyroxen-Hornfels-Fazies

Charakteristisch für die inneren Teile der Kontakthöfe und genetisch mit gabbroiden Gesteinen verbunden. Temperaturfeld von 700 bis 800 °C bis zu 900 °C und verschiedentlich bis 1200 °C; Druck von 10 bis 100 atm bis zu 3000 bis 4000 atm. Nach oben wird die Fazies durch die Stabilitätsgrenze von Quarz, Sillimanit (?), Wollastonit mit Calcit, Granat, Biotit u. a. sowie durch die Schmelzlinie des Basalts begrenzt. Diese Fazies kann in kalkigen Gesteinen in zwei Subfazies unterteilt werden (Wollastonit-Gehlenit-Anorthit- und Grossular-Subfazies; letztere ist niedriger temperiert).

3. A_2 = Amphibol-Hornfels-Fazies

Typisch für die Kontakte mit Graniten oder für die mittleren Teile der Kontakthöfe und genetisch mit Gabbro zusammenhängend. Temperaturbereich von

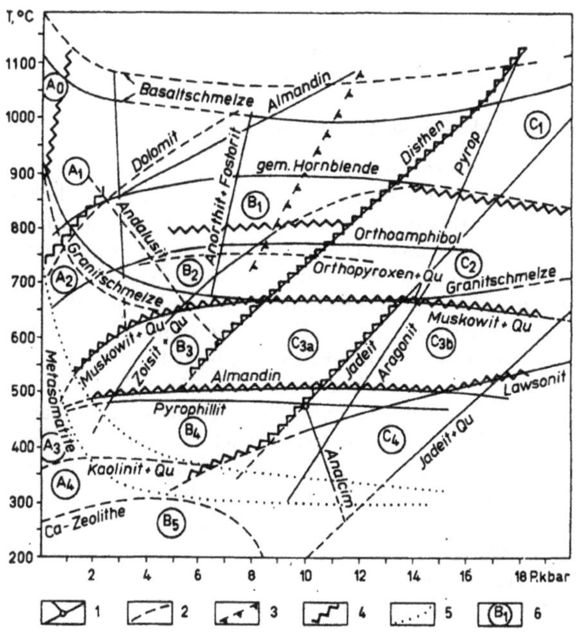

Abbildung: Vorgeschlagenes Faziesschema der Kontakt- und Regionalmetamorphose

1 – Linien der Mineralgleichgewichte, die das Stabilitätsfeld der wichtigsten Minerale und Assoziationen begrenzen; ihr Name steht auf jener Seite der Linie, wo sie stabil sind; die Linien sind unter Berücksichtigung der letzten experimentellen Daten für verschiedene Werte P_{H_2O} angegeben; 2 – dito für Gleichgewichte, für die wenig experimentelle Daten vorliegen; 3 – Beginn der Eklogitisierung der Mehrheit basaltoider Gesteine (YODER & TILLEY 1962, RINGWOOD & GREEN 1966); 4 – Grenzen der Fazies (und Subfazies (C_3a, C_3b); 5 – vermutliche Grenze der Metamorphose; zwei untere Grenzen – zwei mögliche Lagen niedrigtemperierter kinetischer Schwellen der Metamorphose; 6 – Felder der einzelnen Fazies; für Fazies C_3 wurden nach dem Druck zwei Subfazies ausgehalten.

550 °C; öfter 600 °C, bis 800 °C; Druckbereich von 10 bis 100 bis zu 3000 bis 4000 atm. Die Fazies wird nach oben durch die Stabilitätslinie von Almandin und Dolomit sowie Calcit mit Quarz begrenzt. Auch hier können zwei Subfazies ausgehalten werden, und zwar die Sillimanit- und Andalusit-Subfazies.

4. A_3 = Muskovit-Hornfels-Fazies

Der äußerste Teil der Kontakthöfe ist das Verbreitungsgebiet dieser Fazies. Die Temperaturen der Fazies liegen unter 550 bis 600 °C.

5. A_4 = Mineralfazies, die hydrothermalen und metasomatischen Gesteinen entspricht

In Beziehung mit Kontakthöfen, bei niedrigen Drücken gebildet. Hierher gehören sekundäre Quarzite, Greisen, Propylite, argillitisierte und propylitisierte sowie gewisse zeolithisierte Gesteine.

Faziesgruppe B

Die Fazies mittleren Drucks entsprechen den Gesteinen der „allgemeinen" Regionalmetamorphose. Der H_2O-Partialdruck verringert sich gesetzmäßig von den niedrigtemperierten Fazies B_4 und B_5 bis zu den hochtemperierten Fazies B_1 und B_2. Umgekehrt wächst der CO_2-Partialdruck in den entsprechenden Grenzen. Der allgemeine Druck schwankt von 3 bis zu 10 bis 15 kbar. Die Temperatur bewegt sich zwischen 300 bis 400 °C bis zu 900 bis 1000 °C.

6. B_1 = Fazies der (Zwei-)Pyroxengneise (Granulitfazies)

Die Fazies entspricht ungefähr der Granulitfazies früherer Autoren. Temperaturgrenze von 750 bis 800 °C bis zu 900 bis 1000 °C; Druckbereich von 4 bis 5 bis zu 12 bis 13 kbar. Die Fazies wird nach oben durch die Schmelzlinie des Basalts, die Stabilität von Almandin und Dolomit sowie die Zusammensetzung der Pyroxene und die höchsten Tonerdegehalte der Orthopyroxene begrenzt. Subfazies wurden nicht unterschieden. Weitere Untergliederungen können jedoch nach der Temperatur (Al im Pyroxen) und nach dem Druck (Mg im Granat in eklogitähnlichen und cordierithaltigen Gesteinen) vorgenommen werden.

7. B_2 = Fazies der Sillimanit-Biotit-Gneise (Amphibolitfazies)

Die obere Temperaturgrenze der Fazies wird durch das Gleichgewicht Orthopyroxen + Klinopyroxen + K-Feldspat + Quarz ⇋ Granat + Biotit + Amphibol, das Verschwinden rhombischer Amphibole und der Biotit-Sillimanit-Quarz-Assoziationen bestimmt, was einer Temperatur von 650 bis 800 °C entspricht. Nach dem Druck sind die Fazies B_1 und B_2 von den Fazies C_1 und C_2 durch die Stabilitätslinie von Disthen und die völlige Eklogitisierung getrennt.

8. B_3 = Fazies der Andalusit-(Sillimanit-)Muskovit-Schiefer (Epidot-Amphibolit-Fazies)

Die obere Temperaturgrenze dieser Fazies wird durch die Stabilität von Muskovit mit Quarz und Staurolith mit Quarz bestimmt, was einem Temperaturintervall von 600 bis 650 °C entspricht. Die untere Temperaturgrenze ist durch einen Wechsel von Almandin zu Chlorit mit Quarz und durch ein Verschwinden der Hornblende und des Stauroliths gekennzeichnet. Das kommt einem Temperaturbereich von etwa 500 °C gleich. Die Fazies B_3 wird von der Fazies C_3 durch die Disthenlinie getrennt, die etwa einen Druck von 7,5 bis 10 kbar verkörpert. Eine Untergliederung der Fazies nach der Temperatur kann nach der Basizität der Plagioklase und der Eisenführung der Granate in Verbindung mit Staurolith, Andalusit und Quarz erfolgen.

9. B_4 = Fazies der Grünschiefer

Temperaturintervall von 350 bis 400 °C bis zu 500 bis 550 °C. Die obere Temperaturgrenze der Fazies wird durch die Stabilität von Chlorit mit Quarz und das Fehlen von Hornblende, Almandin und Oligoklas gekennzeichnet. Die untere Faziesgrenze kann bei verschiedenen Temperaturen in Abhängigkeit vom Druck und den lokalen kinetischen Bedingungen unterschiedlich verlaufen. Ihre untere Grenze ist durch das Fehlen von Kaolinit, Diaspor, Zeolithe, stark wasserhaltigen Ca-Mineralen u. a. fixiert. Nach ihrem Druck wird das Gebiet der Grünschiefer- und Lawsonit-Glaukophan-Fazies durch die Stabilitätslinien von Lawsonit, Aragonit und Jadeit getrennt, was einem Druck von 7 bis 10 kbar entspricht. Eine Untergliederung nach der

Temperatur ist nach den Isograden von Biotit und nach dem Auftreten der niedrigtemperierten Prehnit-Pumpellyt-Paragenesen möglich.

10. B_5 = „Zeolith-Fazies“ und regionale Epigenese

Temperaturintervall von 100 °C bis zu 300 bis 350 °C; Druck übersteigt im allgemeinen nicht 3 bis 5 kbar.

Faziesgruppe C

Fazies hohen Drucks. Der Druck reicht von 8 kbar (niedrige Temperaturen) bis 14 kbar und mehr (bei hohen Temperaturen). Temperaturintervall von 300 bis 1000 °C. Fazies sind im allgemeinen in schmalen tektonischen Zonen anzutreffen („lokale Metamorphose“).

11. C_1 = Eklogitfazies

Die gegenwärtig bekannten Eklogite (ohne Amphibol) sind nur für den Erdmantel typisch. In der Regel enthalten die Eklogite an der Erdoberfläche Amphibole, was durch eine regressive Metamorphose verursacht sein kann. Oft entstehen die Eklogite unter den Bedingungen von Fazies mittleren Druckes oder niedriger temperierter Fazies, weshalb für die Faziesabtrennung die Zusammensetzung der Minerale eine große Rolle spielt (bes. der Pyrop-Gehalt).

12. C_2 = Fazies der Disthengneise und Amphibolite

Die untere Faziesgrenze ist wie bei der Amphibolitfazies durch die Stabilitätslinie von Muskovit mit Quarz und die Stabilität von Disthen und K-Feldspat gekennzeichnet. Nach ihrer Temperatur ist diese Fazies ein Analogon der Biotit-Sillimanit-Fazies und teilweise der Granulitfazies. Sie unterscheidet sich aber durch die Anwesenheit von Disthen und das Fehlen von Sillimanit von diesen Fazies. Temperaturintervall von 650 °C bis zu 800 bis 850 °C; Druckbereich über 10 kbar, seltener 15 bis 17 kbar.

13. C_3 = Fazies der Disthen-Muskovit-Schiefer (Glaukophan-Almandin-Fazies)

Die untere Grenze der Fazies wird durch die Stabilität von Disthen und Almandin im Druckbereich bis 15 kbar und der Lawsonitlinie bei einem Druck von über 15 kbar bestimmt. Temperaturintervall von 500 °C bis 650 °C. Nach der Stabilität von Jadeit können zwei Subfazies unterschieden werden.

14. C_4 = Jadeit-Lawsonit-Glaukophan-Fazies

Temperaturbereich von 300 bis 550 °C; allgemeiner Druck über 8 bis 10 kbar. Für diese Fazies ist ein hoher Druck bei relativ niedrigen Temperaturen am deutlichsten zu verzeichnen. Die Fazies muß in einige Subfazies unterteilt werden, die zu den Grünschiefern überleiten. Hierzu gehört auch die Quarz-Jadeit-Subfazies, die den höchsten Drücken in der Erdkruste (über 12 kbar) bei relativ niedrigen Temperaturen entspricht.

Etwas abseits stehen die Fazies überhohen Drucks (oberer Erdmantel), die aber dennoch der unmittelbaren Untersuchung zugänglich sind (nach Xenolithen in Kimberliten). Der Druckbereich dieser Fazies ist höher als 25 bis 30 kbar, und die Temperaturen liegen bei 900 bis 1100 °C. Hier unterscheiden die Autoren ohne nähere Erläuterung

1. Eklogitfazies,
2. Koesitfazies (?) und
3. Fazies diamanthaltiger Eklogite.

Eine kurze Charakteristik aller ausgehaltenen 14 Fazies nach ihrem Mineralbestand ist in entsprechenden Tabellen der Monographie beigegeben. In ihnen werden fazieskritische, allgemein übliche und in der Fazies unmögliche Minerale erfaßt.

Von Interesse ist die Feststellung im Vorwort, daß die vorliegende Monographie nur der erste, allgemeine Teil einer Reihe detaillierter Monographien über die einzelnen Faziesbereiche ist, in denen sowohl eine ausführliche Begründung der abgegrenzten Fazies, ihre möglichen Untergliederungen und eine genaue Beschreibung der entsprechenden Fazies gegeben werden. Als Fortsetzung sind noch die folgenden Monographien in Vorbereitung: „Fazies der Kontaktmetamorphose - Metamorphose niederen Drucks“, „Fazies der Regionalmetamorphose gemäßigten Drucks“ und „Fazies der Regionalmetamorphose hohen Drucks“.

Zum Abschluß muß gesagt werden, daß das vorliegende Werk das Interesse aller Geologen, Mineralogen, Geochemiker und insbesondere Petrographen verdient und mit hohem Gewinn zu lesen ist. Es bleibt zu hoffen, daß die Fortsetzungen des vorliegenden Werkes nicht allzulange auf sich warten lassen.

Inklinometermessungen und ihre Bedeutung für die Standsicherheitsuntersuchung von Böschungen

GÜNTER SCHWOKOWSKI, Naumburg

1. Einleitung

Wesentliche Fortschritte konnten in den letzten Jahren auf dem Gebiet der Standsicherheitsuntersuchung von Böschungen durch die Verbesserung der Berechnungsverfahren und durch den Einsatz von Elektronenrechnern, besonders bezüglich der Erfassung des Einflusses der Streubreite von bodenphysikalischen Kennwerten, in ihrer Aussagefähigkeit erzielt werden. Jede Anwendung eines bestimmten Rechenverfahrens setzt die Kenntnis seiner Anwendungsgrenzen voraus. Die meisten Berechnungsmethoden gehen von einem idealisierten, homogenen und weitgehend unbegrenzten Böschungskörper und Böschungsuntergrund aus. Diese Annahme trifft aber nur in den seltensten Fällen zu. Die Eigenschaft einer Bodenschicht ändert sich häufig selbst auf kürzeste Entfernung. In seiner Funktion als Böschungskörper oder -untergrund wirkt der Boden jedoch komplex.

Eingang des Manuskripts in der Redaktion: 4. 6. 1970.

Zur Lösung von Standsicherheitsproblemen teuft man in der Regel Bohrungen ab, um ein Bild vom Schichtenaufbau und von den Grundwasserverhältnissen zu gewinnen. Durch Laborversuche an den „ungestört" entnommenen Erdproben bzw., soweit zugänglich, durch Feldversuche bestimmt man die Eigenschaften der einzelnen Schichten sowie die Streubreite der Kennwerte. Diese Kennwerte gehen dann in das Berechnungsverfahren ein, das zur Lösung der jeweiligen Aufgabe geeignet ist. Die Genauigkeit eines Berechnungsverfahrens hängt in starkem Maße davon ab, wie weit mit ihm die einzelnen Faktoren, die die Spannungen und Festigkeitseigenschaften in der Böschung und im Untergrund beeinflussen, erfaßt werden können. Bei der praktischen Routineanwendung jedes Berechnungsverfahrens werden aber die tatsächlichen Aufschluß- und Versuchsergebnisse durch ein vereinfachtes Berechnungsprofil mit gemittelten bodenphysikalischen Kennwerten ersetzt. Diese Vereinfachung führt zu einem gewissen Spielraum der Interpretation, der um so größer ist, je komplizierter die Ablagerungsbedingungen sind. Über die tatsächliche Bedeutung und Auswirkung dieser vereinfachenden Annahmen können lediglich Beobachtungen und Messungen in großem Maßstab, d. h. an praktischen Böschungsfällen, Aufschluß geben. Beim gegenwärtigen Wissensstand hängt die weitere Entwicklung auf dem Gebiet der Standsicherheitsuntersuchungen von Böschungen von der Vervollkommnung der Feldmeßmethoden bezüglich ihrer Anwendungsmöglichkeiten und ihrer Qualität sowie von einem gut vorbereiteten Einsatz bei verschiedenartigen und schwierigen Böschungsfällen ab.

2. Feldmessungen

Unter Feldmessungen werden nicht Feldversuche verstanden, mit denen man definierte Eigenschaften der Böden „in situ" bestimmt, wie z. B. mit großmaßstäblichen Feld-Scherversuchen. Feldmessungen im hier angewendeten Sinn vermitteln einen Einblick in das Verhalten des Bodens während der Herstellung einer Böschung bzw. über das langjährige Verhalten von Endböschungen nach ihrer Fertigstellung. Durch Feldmessungen können bei den verschiedensten Böschungsfällen wertvolle Informationen gewonnen werden. Die unterschiedlichen Problemkreise verlangten demzufolge die Entwicklung von verschiedenen Meßprinzipien und -geräten. Aus dem umfangreichen Anwendungsgebiet der Feldmessungen für Böschungsprobleme seien hier nur die Messungen der Senkung der Geländeoberfläche, der Setzung von Bauwerken in der Nähe von Böschungskanten, des Porenwasserdrucks und des Erddrucks auf Stützwände am Böschungsfuß erwähnt.

Art und Umfang der Messung des großmaßstäblichen Verhaltens des Bodens richten sich nach dem jeweiligen Böschungsproblem und dem Schwierigkeitsgrad der Bodenverhältnisse. Die für die Standsicherheitsuntersuchung der verschiedenen Böschungsfälle entwickelten Berechnungsverfahren führen nicht alle zu einem gleich zuverlässigen Ergebnis. Liegen relativ einfache Bodenverhältnisse vor und existiert für die erforderliche erdstatische Berechnung ein weitgehend entwickeltes Verfahren, dann dienen Feldmessungen lediglich zur Überprüfung der Frage, in welchem Umfang die angewandte Theorie Gültigkeit besitzt.

Bei anderen Problemen, zu deren Lösung ein wenig ausgebautes Berechnungsverfahren zur Verfügung steht, das außerdem die tatsächlichen praktischen Bedingungen nur in grober Annäherung erfaßt, können Feldmessungen wesentlich zur Entwicklung einer zutreffenden Arbeitshypothese beitragen. Sind die Bodenverhältnisse sehr kompliziert bzw. lassen die anstehenden Erdarten eine zuverlässige Bestimmung ihrer Festigkeitseigenschaften nicht zu, dann wird es kaum möglich sein, mit ausreichender Zuverlässigkeit das Verhalten des Bodens vorauszusagen. In solch einem Fall können nur Kenntnisse hierüber durch eindeutige Meßergebnisse in Verbindung mit einem Großversuch Aufschluß über Art und Lage zu erwartender Schwierigkeiten gewonnen werden. Sind der mögliche Bruchvorgang oder die zu erwartenden Bewegungen mit großer Wahrscheinlichkeit vorauszusehen, dann kann man gegebenenfalls auf die Durchführung eines Großversuchs verzichten. In solchen Fällen genügt häufig sogar, erst während der eigentlichen Böschungsherstellung mit den Feldmessungen zu beginnen. Sie zeigen noch zeitig genug an, ob sich Brucherscheinungen anbahnen und wie sie zeitlich verlaufen, um dementsprechende Änderungen der Technologie vornehmen zu können. Eine große Bedeutung haben darüber hinaus Feldmessungen für diejenigen Aufgaben, bei denen das Verhalten der Böschung in starkem Maße durch eine Änderung der Bodeneigenschaften in Abhängigkeit von der Standdauer bestimmt wird. Dies tritt z. B. bei Fließ- und Kriecherscheinungen an Böschungen ein. In diesen Fällen dienen Feldmessungen der Klärung von Ursache und Umfang dieser Bewegungserscheinungen, der Feststellung der maßgebenden Einflußfaktoren und schließlich der Ausarbeitung einer begründeten Näherungslösung.

Führt man Feldmessungen zum Zwecke der Bestätigung einer Theorie durch die Praxis aus, dann muß man unbedingt beachten, daß man einerseits eine eingehende Erkundung der vorhandenen Bodenverhältnisse vornimmt, verbunden mit einer statistisch gesicherten Bestimmung der bodenphysikalischen Kennwerte, die in das Berechnungsverfahren eingehen. Zumindest muß sich diese Untersuchung auf die wichtigsten Bodenschichten erstrecken. Zum anderen hat man das Programm für den Ablauf der Feldmessungen sorgfältig zu planen und es gut auf die Besonderheit der zu lösenden Aufgabe abzustimmen. Das ausgewählte Meßverfahren muß eine ausreichende Zuverlässigkeit garantieren.

Die vielfältigen Böschungsprobleme verlangten nach Geräten unterschiedlicher Wirkungsweise, um die spezifischen Erscheinungen messen zu können. Neben der Anwendung bekannter Meßprinzipien kam es zu einer ständigen Weiterentwicklung neuer Meßtechniken und zu einer Spezialisierung der Meßgeräte. So läßt sich z. B. die Bewegung eines in der Nähe einer Böschungskante gelegenen Bauwerks mit seit langer Zeit bekannten Verfahren verfolgen. Obgleich das Meßprinzip relativ einfach ist, machte die Messung des Porenwasserdrucks die Entwicklung neuer Methoden notwendig, um die bei der Anwendung im Felde aufgetretenen Schwierigkeiten zu überwinden. Feldmessungen erfordern robuste Geräte. Die Ablesungen müssen ohne Unterbrechung des Bauablaufs erfolgen können. Da stets damit gerechnet werden muß, daß einzelne Instrumente ausfallen, sollte der höhere Aufwand für eine engere Bestückung nicht gescheut werden. Bei Einsatz einer hochspezialisierten Meßtechnik ist es oft von Vorteil, Vergleichsmessungen mit einem anderen Gerätetyp durchzuführen, auch wenn diese Apparate nicht gleich gut auf die spezielle Aufgabe ausgerichtet sind. Die Ergebnisse solcher Parallelmessungen bestätigen zumindest die Tendenz und können das Vertrauen zu den genaueren Meßergebnissen der Spezialgeräte stärken.

Die sorgfältige Planung des Meßprogramms ist äußerst wichtig. Zunächst muß man sich eine klare Vorstellung über Art und Umfang der Informationen erarbeiten, die von den Meßgeräten übermittelt werden sollen. Diese Planung muß so rechtzeitig erfolgen, daß jedes Detail durchdacht werden kann und diese Vorbereitungsarbeiten nicht unter dem Zeitdruck des Baufortschritts nur ungenügend durchgeführt werden. Die Zuverlässigkeit der Messungen ist die vorrangige Forderung. Da sich Feldmessungen in den meisten Fällen notwendigerweise über einen längeren Zeitraum erstrecken, muß ein genauer Ableserhythmus festgelegt werden, so daß die Meßergebnisse ein ausreichend abgerundetes Bild liefern, das Auskunft über jede kritische Phase zu geben vermag. Demzufolge müssen die Messungen so lange, wie notwendig, fortgesetzt werden. Das erfordert Überlegungen, wie die Meßeinrichtungen während des Produktionsablaufs geschützt und funktionsfähig gehalten werden können. Große Bedeutung kommt schließlich der Erfassung und Auswertung der Meßergebnisse zu. Hier ist besonders darauf zu achten, daß die Erfassung in den sogenannten Feldbüchern in sauberer Form und die Auswertung möglichst in übersichtlichen Darstellungen ohne Verzögerung erfolgen.

3. Bodenbewegungen und deren Messung

Bodenbewegungen an Böschungen treten als Folge einer Änderung des Spannungszustands oder einer Änderung der Festigkeitseigenschaften der Lockergesteine bzw. Schüttböden ein. Der Spannungszustand einer Böschung sowie des

Untergrunds kann sich während der Herstellung der Böschung selbst, aber auch im Endzustand durch die Einwirkung von Zusatzkräften wie Bauwerken, Wasserspiegeländerungen usw. verändern. Bei lang anhaltenden Spannungszuständen, wie dies bei bleibenden Böschungen der Fall ist, kann es zu einer Verminderung der Scherfestigkeit kommen. Die bekanntesten Bewegungsformen von Böschungen sind:

a) Böschungsbruch längs kreiszylindrischer bzw. vorgegebener Gleitflächen;

b) Grundbruch bei Belastung eines Untergrunds mit geringer Scherfestigkeit bzw. bei Auftreten hoher Porenwasserdrücke infolge großer Belastungsgeschwindigkeit;

c) plastische Verformungen, wie z. B. das Fließen frisch geschütteter, durch langen Bandtransport aufbereiteter Böden sowie das Kriechen bei Dauereinwirkung von Spannungen;

d) Verschiebungen von Stützwänden bei Abstützungen des Böschungsfußes an Gleisanlagen und Zufahrtswegen.

Zu den Bodenbewegungen müssen selbstversändlich auch die Setzungen gezählt werden, auf deren meßtechnische Erfassung hier nicht eingegangen wird.

Für Bewegungsmessungen an Böschungen wurden in der DDR bisher ausschließlich Messungen an der Geländeoberfläche durchgeführt. Die für diesen Zweck entwickelten Meßverfahren reichen nach DORSCHNER (1968) vom einfachen Meßgalgen, mit dem die Erweiterung von Rissen an der Oberfläche verfolgt werden kann, bis zur umfangreichen photogrammetrischen Geschwindigkeitsmessung eines ganzen Böschungssystems. Für betriebliche Zwecke stellten diese Meßmethoden, besonders bei Anzeichen von Rutschungen, bisher die einzigen Möglichkeiten dar, an Hand der Bewegungsgeschwindigkeit bzw. auf Grund der Bewegungsbeschleunigung eine relative Prognose über den Eintritt des Bruches anstellen und notwendige Sicherheitsmaßnahmen einleiten zu können. Für Bodenbewegungen an gewachsenen Böschungen stellte SAITO (1965) auf der Basis praktischer Messungen Beziehungen auf, mit denen der Zeitpunkt für den Eintritt eines Bruches vorausberechnet werden kann. Diese Meßmethoden sind auch geeignet, Bewegungen von Bauwerken, die im Böschungsbereich liegen, zu verfolgen. Hier handelt es sich in der Regel um Setzungen und Schiefstellungen. Vom Standpunkt der Standsicherheitsuntersuchung einer Böschung aus gesehen, sind diese Verfahren jedoch unzureichend, da sie nicht die Möglichkeit bieten, die Lage der Gleitfläche zu bestimmen bzw. den Bewegungscharakter, d. h. die Verteilung der Bewegungen über die Tiefe in Abhängigkeit von der Zeit, anzugeben.

4. Inklinometermessungen

Ausgehend von der Erkenntnis, daß zur Beurteilung der Standsicherheit einer Böschung die Verteilung der eintretenden Bodenbewegungen unterhalb der Geländeoberfläche bekannt sein muß, begann man in verschiedenen Ländern mit der Entwicklung von Methoden zu ihrer Bestimmung. Heute steht eine Reihe von Meßverfahren zur Verfügung, so daß bereits eine vergleichende kritische Bewertung der einzelnen Methoden vorgenommen werden konnte, wie dies z. B. von GULAKJAHN (1965) in der UdSSR und von WILSON (1967) in den USA erfolgte. Aus ihren Untersuchungsergebnissen kann man schlußfolgern, daß für die Verfolgung von Bewegungsvorgängen in Böschungen, in ihrem Untergrund und in ihrem Vorland gemäß dem gegenwärtigen Erfahrungsstand Inklinometer die geeignetsten Meßgeräte darstellen.

Inklinometermessungen werden nach folgendem Prinzip vorgenommen: Bringt man ein nachgiebiges Rohr vertikal in den Boden, dann folgt das Rohr den im Boden auftretenden Bewegungen. Durch wiederholtes Vermessen der Abweichung des Rohres von seiner ursprünglichen Lage mittels eines Neigungsmessers (Inklinometers) können Größe, Richtung und Geschwindigkeit der aufgetretenen Bewegungen für beliebig viele Punkte dieses Vertikalprofils angegeben werden. Gewöhnlich verwendet man für das Rohr Kunststoffrohre von genügender Festigkeit. Beim holländischen Verfahren Plantema wird es nach SCHULTZE & MUHS (1967) durch einen biegsamen, bewehrten Schlauch von 5 cm Innendurchmesser ersetzt. STEWART & KREHULA (1961) stellten bei ihren Messungen in australischen Braunkohlentagebauen fest, daß auch einfache Wasserrohre von ca. 6 cm Innendurchmesser eine ausreichende Elastizität aufweisen. Die Rohre werden bei standfestem Boden im unverrohrten Bohrloch und bei nachgiebigem Boden im Schutze der Stahlverrohrung möglichst senkrecht in das Bohrloch eingebaut, der Zwischenraum sorgfältig mit Sand bzw. einem Ton-Zement-Brei oder bei gleichzeitigem Ausbau als Pegel mit Filterkies verfüllt und die Stahlverrohrung sodann gezogen.

Die für die Messung der Abweichung von der Vertikalen entwickelten Inklinometer sind aus der Bohrlochvermessung hervorgegangen. Bekanntlich können selbst mit besten Bohrverfahren und -werkzeugen Tiefbohrungen nicht einwandfrei vertikal abgeteuft werden. Da eine Abweichung der Bohrlochachse erhebliche Schwierigkeiten verursachen kann, werden tiefe Bohrungen regelmäßig vermessen. Für die Vermessung von Erdölbohrungen beispielsweise verwendet man gewöhnlich Instrumente, die einen in einem Zylinder schwimmenden Kompaß und eine Libelle enthalten. Die Libelle zeigt die Abweichung der Bohrlochachse von der Senkrechten und der Kompaß das Azimut der Abweichung an. Der Zylinder mit den Instrumenten wird am Seil oder am Bohrgestänge eingefahren. Die Ablesung des Kompaß- und Libellenstands geschieht mittels fotographischer Aufnahme. Nach ihrer Entwicklung werden die Filme mit Hilfe eines Projektors ausgewertet. Die Auslösung der Aufnahmen in der gewünschten Teufe erfolgt entweder durch Uhrwerk oder durch elektrische Impulse. Die Instrumente haben eine Genauigkeit von wenigstens 1°. Größere Genauigkeiten sind bei Spezialausführungen erreichbar. Der Außendurchmesser des Meßzylinders beträgt mindestens 65 mm, sein Gewicht bei Normalausführung 30 kg. Eine Kopplung mit einer Fernsehkamera ist möglich. Ein Nachteil dieser Apparatur besteht darin, daß bei Stahlrohren die Neigung der Achse lediglich in einer vorher festgelegten Richtung gemessen werden kann. Dieser Nachteil wird durch Verwendung einer nichtmagnetischen Kapselung aufgehoben, wodurch sich allerdings das Gewicht auf 130 kg erhöht.

Für die spezifische Aufgabe der Feststellung von Bodenbewegungen wurde das oben dargelegte Meßprinzip zum Teil verändert. Das von SCHULTZE & MUHS (1967) beschriebene Neigungsgerät von Plantema wird an einem torsionsfreien Schlauch, der außerdem die elektrischen Kabel aufnimmt, hinuntergelassen. In dem kardanisch aufgehängten Meßgerät befindet sich ein Pendel. Der Neigung des Meßgeräts entspricht eine Relativverdrehung zwischen dem Gerätekörper und dem Pendel in zwei zueinander senkrecht stehenden Ebenen, die auf elektrische Dehnungsmeßstreifen übertragen und mit einer WHEATSTONEschen Brückenschaltung gemessen werden. Die bei der ersten Messung (Nullmessung) getroffene Geräteaufstellung muß genau fixiert werden. Die beiden senkrecht zueinander stehenden Meßebenen des Geräts werden dabei mittels Kompaß oder durch genaues Einrichten auf unbewegliche Bezugspunkte festgelegt. Die Führung des Meßgeräts entspricht dann der festgelegten Ebene, da das Gerät an einem torsionsfreien, auf einer Kabelrolle aufgerollten Schlauch hängt. Die Messung erfolgt in Tiefenabständen von 20 cm.

In Weiterentwicklung eines Geräts zur Messung der Durchbiegung von Spundwänden unter Wasser und einer Einrichtung zur Bestimmung der Verbiegung von Rohrpfählen entstand in den USA der slope indicator, über den WILSON & HANCOCK (1959) nähere Angaben machen. Das Meßgerät hat einen äußeren Durchmesser von 63,5 mm und eine Länge von 38,1 cm. Die Pendelspitze schließt den Kontakt zu einer Präzisionswiderstandsspule, die Teil der WHEATSTONEschen Brücke ist. Für dieses Meßgerät müssen spezielle dickwandige Plastrohre mit einem inneren Durchmesser von 73 mm verwendet werden. Die Verbindung der 1,5 m langen Rohrstücke erfolgt mit Aluminiumkupplungen. Beim Einbau ist sorgfältig darauf zu achten, daß die vier in die Rohrwandung eingefrästen Längsnuten, die die Räder des Meßgeräts beim Herablassen führen, eine durchgehende Bahn bilden. Die vertikale Rohrtour wird so eingerichtet, daß zwei gegenüberliegende Nuten in der vorgesehenen Meßrichtung liegen. Gemessen wird in Tiefenintervallen von 50 cm. Die Ablesungen am Potentiometer erfolgen in der betreffenden Teufe zur Kontrolle für die beiden gegenüberliegenden Nuten.

STEWART & KREHULA (1961) berichten über ein Meßgerät, das speziell für die Verfolgung von Bodenbewegungen in Zusammenarbeit der State Electricity Commission mit der Electrical Department der Tasmania-Universität entwickelt wurde. Der Vorteil dieses Geräts, das sich grundsätzlich von den biher bekannten Instrumenten unterscheidet, besteht darin, daß seine Meßgenauigkeit nicht von magnetischen Stoffen beeinflußt wird. Der Anzeigebereich für die Neigung beträgt 5°, kann aber erweitert werden. Die Meßfehler sind kleiner als 10'. Alle Meßwerte, die Tiefe der Meßstelle, die Abweichung der Rohrachse von der Vertikalen (Nadirwinkel) sowie die horizontale Richtung der Abweichung (Azimut) sind an der Geländeoberfläche ablesbar. Der am Gestänge hängende Meßzylinder weist einen Durchmesser von nur 38 mm und eine Länge von 1067 mm auf. Proportional zum Ausschlag des Pendels wird in einer an einen Schwingkreis angeschlossenen Magnetspule eine Wechselspannung erzeugt, die nach Verstärkung und Gleichrichtung das leichte Pendel wieder in seine Ausgangslage zwingt. Die Größe des für das ausgeübte Drehmoment benötigten Stroms ist ein Maß für die Abweichung des Rohres von der Vertikalen. An den Enden des Meßgeräts angeschraubte Führungsfedern zentrieren das Meßgerät im Rohr. Mit den Führungsfedern beträgt die Gesamtlänge des Meßinstruments rd. 1,5 m, sein Gewicht 9 kg. Die Vertikalebene, in der das Pendel schwingt, ist außen am Meßgerät sowie an den einzelnen Zügen des Gestänges durch eine durchgehende Rille markiert. Diese Kennlinie dient gleichzeitig zur Einstellung des Nullpunkts der Winkelskala, an der die horizontale Richtung der Abweichung gemessen wird. Der Einfachheit halber richtet man den Nullpunkt der Winkelskala nach N aus. Bei der Messung in einer bestimmten Teufe wird das Meßgerät so lange verdreht, bis die größte Rohrneigung angezeigt wird, deren Richtung man an der Winkelskala abliest. Eine Kontrollmessung wird durchgeführt, nachdem man das Meßgerät um 180° gedreht hat, und der Mittelwert aus beiden Messungen gebildet. Die Bedienung des Meßgeräts erfordert drei Arbeitskräfte. Einer führt die Messung durch, ein zweiter betätigt die Kabeltrommel und trägt die Meßwerte ein, während der dritte das Gestänge zum Herablassen des Meßgeräts verlängert und weitere Hilfsarbeiten ausführt. Für je eine Messung in den beiden um 180° versetzten Richtungen benötigt man drei bis vier Minuten. Inklinometerrohre mit 60 m Tiefe sind einschließlich Auf- und Abbau des Geräts in drei Stunden vermessen worden.

Für die Messung der Abweichungen von Gefrierbohrungen wurde nach WENGEL, LÜTGENDORF & HELFFERICH (1961) von der Eastman International Company in Hannover ein Lotgerät entwickelt, für dessen Einsatz der jeweilige Ausbau des Bohrgestänges entfallen kann. Bei 42 mm Durchmesser ist eine Einführung in das Bohrgestänge möglich. Dieses Gerät kann natürlich auch für die Messung von Bodenbewegungen verwendet werden. Bei diesem Inklinometer werden die Stellung eines Magnetkompasses und eines darüber kardanisch aufgehängten Pendels in der vorgesehenen Teufe fotografiert. Das Fotoblättchen zeigt nach Entwicklung die Richtung und den Neigungswinkel an. Eine Messung dauert beim Einsatz in Gebirgsbohrungen 10 bis 20 min. Im Vergleich zu Kreiselkompaßgeräten ergaben sich keine Unterschiede.

Wie PONOMARTSCHUK (1962) berichtet, befindet sich in der Bohrlochsonde der Hard Metals Ltd., Südafrikanische Union, ein Frequenzgenerator, der mit einem anderen, die gleiche Frequenz liefernden, jedoch an der Oberfläche stationierten Generator verbunden ist. Das Pendel, das bestrebt ist, immer die vertikale Lage einzunehmen, verdreht die beweglichen Kondensatorplatten um diesen Winkel gegen das starre Plattensystem, wodurch die Frequenz verändert wird. Der Frequenzunterschied gibt über eine Eichskala den Neigungswinkel an.

Häufig werden bei der Untersuchung der plastischen Verformungseigenschaften von Lockergesteinen Vergleiche zum Verhalten von Gletschern angestellt. Wie SAVAGE & PATERSON (1963) zeigen, wurden zur Bestimmung der Fließeigenschaften von Gletschern z. B. Inklinometer der Parsons Survey Company eingesetzt. Die Stellung der Kompaßnadel und des Pendels werden hier ebenfalls fotografisch festgehalten. Neigungswinkel bis 4° können mit einer Genauigkeit von 0,1° gemessen werden. Die Verwendung eines kürzeren Pendels ermöglicht eine Neigungsmessung bis 10° bzw. 26° bei gleicher Genauigkeit. Das Azimut kann auf 1° genau bestimmt werden.

Die sowjetischen Geräte I Sch-2 und I Sch-4 messen nach LEHNERT & ROTHE (1962) das Azimut mittels Kompaß und die Neigung durch ein Pendel. Das Meßsystem ist kardanisch und leicht exzentrisch so gelagert, daß das Pendel immer nach der gleichen Richtung ausschlägt, sofern eine Neigung vorhanden ist. Nach dem Anhalten des Inklinometers am Meßpunkt werden Pendel und Magnetnadel durch die Kraft zweier Magnete gegen je einen kreisförmigen Widerstandsdraht gedrückt. Die auf diese Weise abgegriffene Länge ist der jeweiligen Meßgröße proportional und wird über Tage gemessen. Die Meßgenauigkeit beträgt $\pm 0{,}5°$ für das Azimut. Der Außendurchmesser ist mit 65 mm angegeben.

Beim ungarischen Fotoinklinometer werden nach LEHNERT & ROTHE (1962) der Neigungswinkel aus der Lage einer in einer uhrglasartig gewölbten Glasschale freibeweglichen kleinen Metallkugel und das Azimut mit einem Kompaß bestimmt. Zur genauen Ablesung ist die Glasschale mit einer konzentrischen (für den Neigungswinkel) und einer radialen Teilung (für das Azimut) versehen. Die Glasschale mit der Kugel und die Magnetnadel werden bei Stillstand des Geräts fotografiert. Belichtung und Filmtransport werden entweder durch ein eingebautes Uhrwerk bzw. von über Tage gesteuert. Der Meßbereich des Neigungswinkels läßt sich durch Einsetzen verschieden stark gekrümmter Glasschalen verändern. Mit schwach gekrümmten Schalen können sehr hohe Meßgenauigkeiten erreicht werden. Nachteilig ist der große Außendurchmesser von 90 mm.

Beim Monograf des VEB Geophysikalischer Gerätebau Brieselang nimmt eine eingebaute Kamera die Meßwerte für den Neigungswinkel und das Azimut auf. Das Meßwerk besteht aus einem Kompaß und einem 17°-Pendel. Der Zeitpunkt der Aufnahme wird entsprechend der geschätzten Zeit, die notwendig ist, um das Meßgerät in das Rohr hinabzulassen, an einem Uhrwerk eingestellt. Die Meßfehler betragen 0,3° für die Neigung und 3° für das Azimut. Die Länge beträgt 2,18 m, der Durchmesser 42 mm und das Gewicht 16 kg. Das Bestücken des Monografen mit Filmblättchen geschieht mit Hilfe eines Ladegeräts, das 50 Blättchen aufnehmen kann. Die Aufnahmen sind mit einer Lupe gut auswertbar. Beim Multigraf wird statt der Filmblättchen ein handelsüblicher 16-mm-Film von einem Motor um die Größe eines Bildes weitertransportiert. Je Film sind 220 Aufnahmen möglich. Bei gleichem Meßbereich betragen die Meßfehler 15' für die Neigung und 1° für das Azimut.

Das Kreiselinklinometer des Wissenschaftlich-Technischen Büros für Gerätebau in Berlin verwendet das am längsten bekannte Meßprinzip für Bohrlochmeßgeräte. Es ist damit auch in Stahlrohren oder anderweitig magnetisch gestörten Bohrlöchern einsetzbar. Sein Außendurchmesser beträgt allerdings 98 mm.

Soweit Verf. bekannt wurde, erfolgt die Messung der Bohrlochabweichungen in der DDR mit folgenden Geräten:

1. I Sch 4 T	(UdSSR	d = 65 mm)
2. I T 200	(UdSSR	d = 72 mm)
3. Fotoinklinometer 7 E	(Ungarn	d = 90 mm)
4. Kreiselinklinometer	(DDR	d = 98 mm)
5. Monograf	(DDR	d = 42 mm)
6. Multigraf	(DDR	d = 42 mm)
7. Single-Shot	(Eastman [Westdeutschland]	d = 42 mm)
8. Multi-Shot	(Eastman [Westdeutschland]	d = 42 mm)

Die inneren Fehler der Messung (Gerätefehler) können in Grenzen bei den einzelnen Geräten unterschiedlich sein. Sie sind stark von der Eichung abhängig (systematischer Fehler). Äußere Fehler treten dadurch auf, daß die Inklinometerachse nicht parallel zur Rohrachse steht. Sie sind von dem Spiel zwischen den Durchmessern des Geräts und des Rohrs sowie von der Neigung abhängig. Über die Größe dieser Fehler liegen noch keine Angaben vor. Sie liegt wahrscheinlich in der Größenordnung von 1° bei geringeren Neigungen und wird mit wachsender Neigung kleiner.

Die Auswertung der Meßergebnisse erfolgt zweckmäßigerweise graphisch. Nach dem Auswertungsverfahren von SCHULTZE & MUHS (1967) ergibt die Nullmessung die Verkrümmung des Rohres in seiner Anfangsstellung. Sie wird als lotrechte Bezugsgerade verwendet. In einfachen

Fällen genügt es, die auf die Nullmessung reduzierten Meßwerte, die den Neigungsveränderungen des Inklinometers entsprechen, aufzutragen. Um ein naturgetreues Bild der Bewegungen zu konstruieren, ermittelt man aus den Neigungswerten die wirklichen Verschiebungen, indem man den Sinus des Neigungswinkels mit den jeweiligen Tiefenabständen multipliziert und die Summenlinie bildet. Beide Darstellungen zeigen auf jeden Fall an, wo sich die Gleitfläche bzw. eine Fließzone befindet. Wird der oberste Punkt des Rohres nicht trigonometrisch eingemessen, dann kann man die gemessenen Verschiebungen lediglich qualitativ auswerten, da die Summenlinie fehleranfällig ist. Erfolgt jedoch eine Einmessung der Rohroberkante, dann läßt sich die Neigungslinie zwischen dem unteren, als unverschieblich angenommenen Punkt des Rohrs und dem oberen Punkt einhängen, wodurch auch die absoluten Größen der Verschiebungswege im Untergrund ermittelt werden können.

5. Schlußfolgerungen

Zur meßtechnischen Erfassung und Überwachung steht heute eine Anzahl spezieller Meßgeräte zur Verfügung. Selbstverständlich entstehen Unkosten durch die Beschaffung und Installation der Meßinstrumente sowie vor allem durch die Messung und Auswertung selbst, zumal eine Kopplung mit automatischen Registrier- und Fernübertragungsgeräten gegenwärtig nicht möglich ist. In der Vergangenheit bildeten die Kosten nicht allein die Ursache dafür, daß die geeignetsten Meßverfahren nicht installiert wurden, sondern in den meisten Fällen mangelnde Kenntnis der Verfahren, das Fehlen von Geräten und ungenaues Kosten-Nutzen-Denken. In der Zukunft wird für jede spezifische Aufgabe zu entscheiden sein, in welchem Verhältnis der Meß- und Kontrollaufwand zum möglichen Schaden steht, wobei der vorhandene Erkenntnisstand über den jeweils zu erwartenden Bewegungsvorgang und seine zweckmäßigste Erfassung berücksichtigt werden muß.

Die technischen Voraussetzungen für den Einsatz von Inklinometern zur Verfolgung von Bodenbewegungen unter der Geländeoberfläche sind in der DDR gegeben.

Zusammenfassung

Eine Weiterentwicklung der Berechnungsverfahren zur Ermittlung der Standsicherheit von Böschungen bei komplizierten Boden- bzw. Dammverhältnissen ist nur in Verbindung mit Feldmessungen möglich. Neben der Messung des Porenwasserdrucks gilt dies besonders für die großmaßstäbliche Messung der Bodenbewegungen unterhalb der Geländeoberfläche. Hierfür haben sich Inklinometermessungen als zweckmäßigste Methodik erwiesen. Bei Anordnung mehrerer Inklinometerrohre in einem Raster erhält man ein Bild von der räumlichen Bewegungsverteilung in Abhängigkeit von der Zeit. Daraus können der Verlauf einer Gleitfläche bzw. einer Fließzone zuverlässig bestimmt und damit der Rutschungstyp, die Gleitkörperabmessung sowie unter bestimmten Umständen der Zeitpunkt des Eintritts eines vollständigen Böschungsbruchs angegeben werden. Daneben bietet dieses Verfahren den Vorteil, daß auf der Grundlage einer solchen Meßdokumentation Maßnahmen zur Stabilisierung der Bewegungen sowie technologische Veränderungen gezielt mit hohem Wirkungsgrad eingeleitet werden können. Vorteilhaft ist ferner, daß die Inklinometerrohre als Pegel bzw. als einfache offene Piezometer ausgebaut und damit die für die Standsicherheitsuntersuchung ebenso wichtigen Informationen über den Porenwasserdruck angegeben werden können.

Резюме

Усовершенствование расчетных способов для определения устойчивости откосов при сложных грунтовых условиях и сложных насыпях возможно лишь с помощью полевых измерений. Наряду с измерением давления поровых вод это особенно относится к крупномасштабным измерениям движения грунта на поверхности земли. Наиболее выгодной методикой в этом отношении оказались измерения инклинометрами. При распределении нескольких инклинометрических труб по сетке получают картину о пространственном распределении движения в зависимости от времени. Исходя из этого можно достоверно определить положение плоскости скольжения или зону оплывания. Таким образом можно предсказать тип сольжения, размеры оползневого тела, а также при определенных условиях время полного обрушения откосов. Наряду с этим, данный способ обладает преимуществом, что имеется возможность на основе такой измерительной документации наметить целенаправленные эффективные мероприятия по стабилизации перемещений или по изменению технологических условий. Выгодным является также тот факт, что трубы инклинометрических измерений можно переоборудовать в реперные пункты или простые наблюдательные скважины грунтовых вод с тем, чтобы получить необходимые для оценки устойчивости откосов информации о давлении поровых вод.

Summary

Methods for calculating the stability of slopes in the presence of intricate soil or dam conditions can only be improved in connection with field measurements. This applies in particular to the large-scale survey of soil movements of the ground surface, besides measuring the pore water pressure. For this purpose inclinometer measurements have proved to be the most suitable technique. A picture of the spatial distribution of movement as dependent on the time is obtained when arranging several inclinometer tubes in a frame. Thus the variation of a plane of sliding and zone of flow, respectively, can reliably be determined, as can be specified the type of slide, the dimension of the sliding body as well as, under certain conditions, the time when a complete failure of a slope takes place. This method is also advantageous in that it enables measures to be taken for stabilizing movements, as well as for initiating technological changes with a view to obtaining a high efficiency. Another advantage is that inclinometer tubes can be developed into water gauges and simple, open piezometers, respectively, by which informations on the pore water pressure can be given, which are equally important to a stability analysis.

Literatur

DORSCHNER, E.: Erfassung von Bodenbewegungen an Tagebaukanten nach mehreren Methoden. — Bergbautechnik, 18, 9, 459—465 (1968).

GULAKJAHN, K. A.: Methoden zur Untersuchung der Verschiebungen in der Tiefe eines gerutschten Massivs. — Iswestija Akad. Nauk Armjanskoj SSR, XVIII, 3—4, 37—48 (1965).

LEHNERT, K., & K. ROTHE: Geophysikalische Bohrlochmessung. — Akademie-Verlag, Berlin 1962.

PONOMARTSCHUK, A. F.: Ein elektronisches Gerät zur Messung von Bohrlochabweichungen. — Raswedka i ochrana nedr, 3, 59—61 (1962).

SAITO, M.: Forecasting the time of occurrence of a slope failure. — Proc. 6th Int. Conf. Soil Mech. Found. Engng., vol. 2, div. 6/24, 537—541, Montreal 1965.

SAVAGE, J. C., & W. S. B. PATERSON: Borehole measurement in the Athabasca glacier. — Journ. of Geophys. Research, 68, 15, 4521—4536 (1963).

SCHULTZE, E., & H. MUHS: Bodenuntersuchungen für Ingenieurbauten. — Springer-Verlag, 2. Aufl., Berlin, Heidelberg, New York 1967.

STEWART, E. D. J., & F. J. KREHULA: Bestimmung von Erdbewegungen in und an Böschungen mit einem neuen elektronischen Meßgerät. — Braunkohle, Wärme und Energie, 13, 10, 413—421 (1961).

WENGEL, J., H. O. LÜTGENDORF & R. HELFFERICH: Das Abteufen und Ausbauen des Gefrierschachtes Auguste Victoria 7. — Glückauf, 97, 22, 1341—1369 (1961).

WILSON, S. D.: Investigation of embankment performance. — Proc. ASCE, vol. 93, SM 4, 135—156 (1967).

WILSON, S. D., & C. D. HANCOCK: Horizontal displacement of clay foundation. — Proc. 1st Pan-American Conf. Soil Mech. Found. Engng., vol. 1, 41—58, Mexico City 1959.

Zeitschrift für angewandte Geologie, Bd. 17 (1971), Heft 4

Lagerungsverhältnisse, Verwendungsmöglichkeiten und Abbauproblematik des Haselbacher Tons im Abraum der Braunkohle des Weißelsterbeckens

Otfried Wagenbreth, W. Lanitz & M. Reech, Weimar

1. Problemstellung

Der „Haselbacher Ton" ist einerseits eine stratigraphisch definierte Schicht des Tertiärs im gesamten Weißelsterbecken, andererseits einer der heute wichtigsten keramischen Rohstoffe, insbesondere für die Steinzeug-, die Feuerfest- und die chemische Industrie (Hohl 1960). Bei jedem mineralischen Rohstoff entscheidet sich die Nutzbarkeit an den Materialeigenschaften, an der Größe der Vorräte und an den Lagerungsverhältnissen. Materialeignung vorausgesetzt, hängt die Abbauwürdigkeit davon ab, ob die Vorräte hinreichend groß und die Lagerungsverhältnisse nicht zu kompliziert sind. Über diese allgemeingültigen Forderungen hinaus treten im Falle des Haselbacher Tons, und zwar an dem Hauptort seines Vorkommens und seiner Gewinnung, dem Tagebau Haselbach, nördlich Altenburg (Abb. 1), zwei besondere Probleme auf. Der Haselbacher Ton kommt in diesem Bereich sowohl in horizontaler, praktisch ungestörter Lagerung als auch in glazigen stark gestörter Lagerung vor. Diese gestörten Bereiche kann man in gewissem Maße als glazialtektonisch durchgeknetet betrachten. Es fragt sich nun, ob dieser geologische Vorgang das Material verändert hat, was durch einen Vergleich mit dem Ton des ungestörten Bereichs beurteilt werden soll. Das zweite Problem ist weniger geologischer Natur. Die Unterschiede im Abbaufortschritt des Braunkohlentagebaus einerseits und des Tonbedarfs andererseits zwingen zu einer Zwischenhaldung des Tons. Verbraucher regten zur Behandlung der Frage an, ob die Zwischenhaldung des Tons eine Änderung seiner Eigenschaften und Qualität zur Folge hat.

Ausgehend von den geologischen Verhältnissen, der Problematik des Abbaufortschritts und der Aufhaldung sollen hier Untersuchungen zu beiden Problemen der Tonqualität dargestellt werden.

2. Stratigraphische Stellung des Haselbacher Tons

Der Haselbacher Ton gehört der eozän-oligozänen, braunkohlenführenden Schichtfolge des Weißelsterbeckens an (Abb. 2) und liegt nach Meyer (1950) über den höheren Flußsanden und unter dem obersten Flöz des Reviers, dem Böhlener Oberflöz. Faziell stellt er die Randzone einer fluviatilen Sedimentation in dem flachen und weitgespannten Becken dar und bildet damit in bestimmten Bereichen horizontal Übergänge in mehr sandig-schluffige Flußsedimente. Diese faziell-petrographische Differenzierung in verschieden stark sandig-schluffige Sedimente führt dazu, daß der Haselbacher Ton nur stellenweise von der keramischen

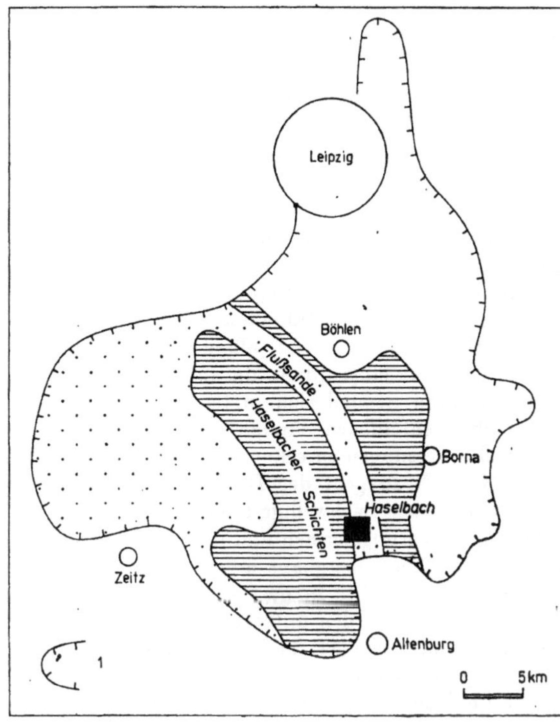

Abb. 1. Übersichtskarte über das Weißelsterbecken (vereinfacht nach G. Meyer)
1 – Umgrenzung des braunkohlenführenden Tertiärs

Industrie genutzt wird. Ein solcher Bereich ist der Tagebau Haselbach.

Die Schichtfolge des Tertiärs im Tagebau Haselbach (Abb. 3) reicht vom Bornaer Hauptflöz im Liegenden, das Gegenstand des Braunkohlenabbaus ist, bis zu den Äquivalenten der oligozänen Meeressande im Hangenden. Das Thüringische Hauptflöz ist nur geringmächtig, der Horizont des Böhlener Hauptflözes nur als Sand mit zwei geringmächtigen Braunkohlenbänken ausgebildet. Unter dem Horizont des Böhlener Oberflözes liegt der Komplex des Haselbacher Tons.

Über dem Tertiär liegen pleistozäne Kiese, die vermutlich als saaleglaziale Schotter der Schnauder zu betrachten sind.

3. Lagerungsverhältnisse und Abbauproblematik

Die Schichten des tertiären Deckgebirges liegen im Tagebau Haselbach mehr oder weniger gestört vor. Die Störungen nehmen generell von oben nach unten an Intensität ab und sind glazialdynamisch verursacht (Abb. 4). Das vorrückende Eis hat jedoch nicht, wie man in solchem Fall zunächst vermutet, die Schichten nur zu Falten aufgepreßt, sondern petrographisch und

Eingang des Manuskripts in der Redaktion: 15. 5. 1970.

Zeitschrift für angewandte Geologie, Bd. 17 (1971), Heft 4

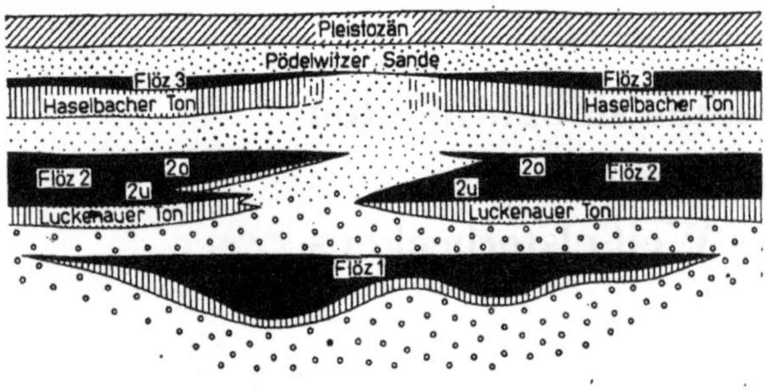

Abb. 2. Stratigraphisches Sammelprofil des Tertiärs im Weißelsterbecken

(in Anlehnung an G. MEYER)

Flöz 1 = Thüringer Unterflöz; Flöz 2 = Hauptflöz, 2u = Bornaer Hauptflöz, 2o = Thüringer Hauptflöz; Flöz 3 = Böhlener Oberflöz; Kreise = vorwiegend Kies; Punkte = vorwiegend Sand

mechanisch ein sehr differenziertes Störungsbild geschaffen. Der Haselbacher Ton erscheint im oberen Abraumschnitt in Form diapirartiger Aufpressungen von 5—25 m Breite, 8 m Höhe und mit flacher bis senkrechter Begrenzung. Er ist allerdings auch in eine Zerrungstektonik eingeordnet, die auf Auswalzvorgänge zurückzuführen ist und sich in flachen Verwerfungen (Abschiebungen) in den Sanden und an den Rändern der Tonaufpressungen zu erkennen gibt (WAGENBRETH 1960). Nach N zu geht der Haselbacher Ton in eine ruhigere, nur noch flachwellige Lagerung über.

Aus den Lagerungsformen und der Tagebautechnologie des Braunkohlenbergbaus ergibt sich folgende Abbausituation (Abb. 5): In gestörten Zonen reicht der Haselbacher Ton in den unteren Abraumschnitt, liegt dort mehr oder weniger flachwellig, kann aber nicht selektiv gewonnen werden, da hier ein Eimerkettenbagger im Einsatz ist. Im darüberliegenden Abraumschnitt wird der Ton durch einen Schaufelradbagger selektiv gewonnen. Im N des Tagebaus steht der Ton flachwellig an, im Südteil des Tagebaus jedoch liegen nur glazialdynamische Aufpressungen vor. Dabei muß auf sorgfältiges Aushalten der angelagerten oder stellenweise im Kern der Aufpressungen mitaufgefalteten Sande und Schluffe geachtet werden.

4. Abbaufortschritt und Aufhaldung

Da der Bedarf an Braunkohle mengenmäßig wesentlich größer als der Bedarf an Ton ist und im Braunkohlentagebau selbstverständlich die Kohlenförderung den Abbaufortschritt bestimmt, steht die Tongewinnung im Tagebau Haselbach vor der Alternative,

entweder der Tonlagerstätte nur den augenblicklichen Bedarf zu entnehmen und auf den anderen (größeren!) Teil als Abraum des Braunkohlentagebaus zu verzichten oder die Tonlagerstätte möglichst vollständig abzubauen und die den Bedarf übersteigende Tonförderung für eine Nutzung in späterer Zeit auf Halde zu fahren.

Aus dem Tagebau Haselbach wurden gefördert: 1968: 7516000 t Kohle und 2353000 t Ton; 1969: 8038000 t Kohle und 1746000 t Ton (Tab. 1). Die Abbauverluste gegenüber dem anstehenden Ton betragen infolge Baggerung und Lagerung nach Dr. MÜLLER, Markscheiderei BKK Regis, im Zeitraum 1968/69 50—60%.

Tab. 1. Aufgliederung der Haselbacher Tonförderung

	1968	1969
Aufhaldung Ton	2018000 t	1486000 t
Sofortversand	335000 t	260000 t
Abförderung von der Halde und Sofortversand Schleenhainer Ton	55000 t	135000 t
Gesamtverkauf (Haldenton, Haselbacher Frischton und Schleenhainer Ton)	390000 t	395000 t

5. Qualitätsfragen im Frischton des ungestörten und gestörten Bereichs sowie im aufgehaldeten Ton

In einem Rohstoffkennblatt der Zeitschrift „Silikattechnik" (LANITZ 1968) sind die wichtigsten mineralogischen und keramischen Kennwerte des Haselbacher Tons zusammengestellt. Auf Grund des hohen Al_2O_3-Gehalts, der um 30% liegt, und des geringen Flußmittelgehalts ist dieser Ton feuerfest. Mineralogisch besteht er aus etwa 60% fehlgeordnetem Kaolinit, etwa 25% Quarz und 10—15% glimmerähnlichen Tonmineralien. Für die Herstellung von Steinzeug ist besonders das Dichtbrandverhalten günstig. Bereits ab etwa 1200 °C entsteht ein hinreichend dichter Scherben, der nur 4% Wasseraufnahme besitzt. Die Werte des

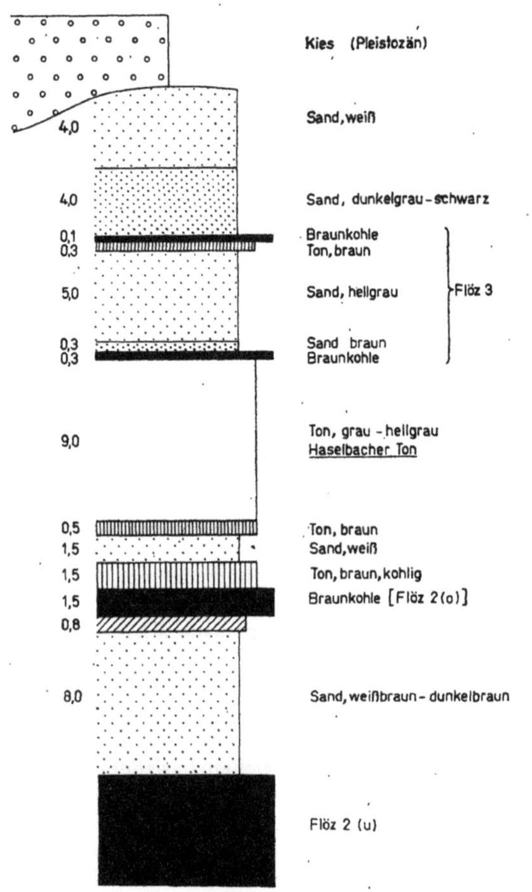

Abb. 3. Normalprofil der Deckschichten im Tagebau Haselbach

Zeitschrift für angewandte Geologie, Bd. 17 (1971), Heft 4

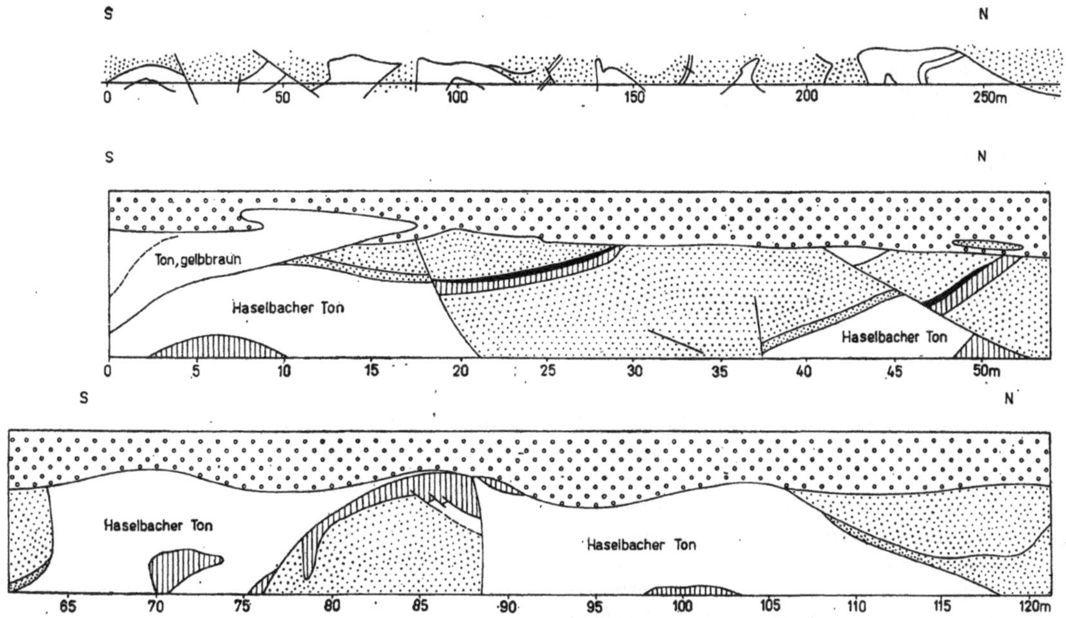

Abb. 4. Charakter und Verlauf der Störungen im Haselbacher Ton

(Stoßaufnahme des oberen Abraumschnitts in Abb. 5)

Rohstoffkennblatts repräsentieren den Haselbacher Frischton in ungestörter Lagerung.

Um festzustellen, ob die keramischen Eigenschaften des Tons durch die tektonische Beanspruchung verändert worden sind, wurden im gestörten Bereich der Lagerstätte einige Proben (Punktproben) von graugefärbtem Ton entnommen und auf folgende Weise keramisch untersucht:

Bildsamkeit nach PFEFFERKORN, Trockenbiegefestigkeit, Trockenschwindung, Brenn- und Gesamtschwindung bei 1000 °C und Wasseraufnahme.

Wie die in Tab. 2 zusammengefaßten Ergebnisse zeigen, sind in diesen Proben keine bemerkenswerten Veränderungen festzustellen. Wenn auch die Probenanzahl gering war und die angewandten Meßverfahren zum Teil relativ unempfindlich sind, so ist doch die Aussage berechtigt, daß die keramischen Eigenschaften des Tons durch die glazialdynamische Beanspruchung nicht oder nur unwesentlich verändert worden sind.

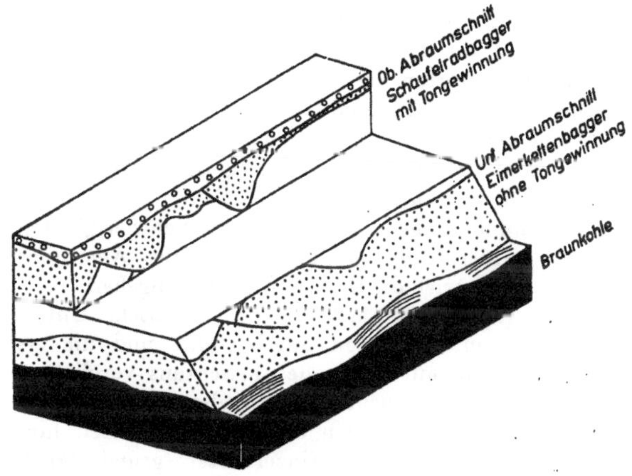

Abb. 5. Abbausituation im Abraum des Tagebaus Haselbach

Tab. 2. Keramische Untersuchungen an Haselbacher Tonproben aus dem gestörten Bereich

Probe	PFEFFERKORN-Wert 3,3	Rohbruch-festigkeit in kp/cm²	Trocken-schwindung in %	Brenn-schwindung (1000 °C) in %	Gesamt-schwindung (1000 °C) in %	Wasser-aufnahme (nach Brand bei 1000 °C) in %
I	30,1	28,6	7,7	1,4	9,3	17,4
II	32,6	18,0	6,4	0,6	7,2	17,1
III	33,7	23,0	6,8	2,1	9,0	20,0
IV	31,0	20,2	5,7	1,8	7,4	19,2
V	29,0	29,4	6,5	1,0	7,5	16,6
VI	31,9	21,6	7,4	0,9	8,5	18,9
Mittelwert I–VI	31,2	23,5	6,8	1,3	8,1	18,2
Ungestörter Bereich	31,0	23,5	7,5	1,2	8,0	21,0

Tab. 3. Gegenüberstellung keramischer Untersuchungsergebnisse von Frischton (F und FA) und Haldenton (H)

	Korngrößenanteil <2 μm, in %	Bildsamkeit nach PFEFFERKORN (2,5)	pH-Wert	ENSLIN-Wert	Trockenbiegefestigkeit in kp/cm²	Trockenschwindung in %	Brennschwindung in %	Wasseraufnahme nach BRAND bei 900 °C in %
Frischton F	61,1	26,0	5,95	–	33,4	6,92	9,00	22,5
Frischton FA	58,0	26,7	–	67,9	–	7,31	8,09	–
Haldenton H	64,6	29,5	3,47	70,5	25,6	7,55	9,95	25,6

Frischton F: Wertereihe aus den Analysen des Jahres 1964
Frischton FA: Wertereihe aus den Analysen des Frischtons, der von 1964 bis 1960 zur Aufhaldung gelangte
Haldenton H: Wertereihe aus den Analysen des mehrere Jahre gehaldeten Tons

Auffällig ist, daß der Ton im gestörten Bereich sehr häufig mit kohliger Substanz durchsetzt ist. Solche Partien finden sich hier neben dem grauen, normalen Frischton viel häufiger als bei ungestörter Lagerung. Dieser Ton zeigt eine hellbraune bis dunkelbraune, z. T. schwarze Färbung. Durch die vom Eis hervorgerufene Durchbewegung ist der Ton mit der Kohle vermischt worden. Das bedeutet für den Ton eine erhebliche Qualitätsminderung. Mit steigendem organischem Anteil wird das Dichtbrandverhalten ungünstiger, die Porosität und die Wasseraufnahme nehmen zu. Auch die PFEFFERKORN- und ENSLIN-Werte liegen höher. So hat die Einwirkung des Eises doch einen, wenn auch indirekten Einfluß auf die Qualität des Tons in dem glazialdynamisch gestörten Bereich.

Eine weitere die Tonqualität betreffende Problematik steht mit der Aufhaldung des Tons im Zusammenhang. Von den Betrieben der Steinzeug- und Feuerfestindustrie, die diesen Haldenton verarbeiten, wurde über Qualitätsminderungen, verbunden mit Schwierigkeiten bei der Verarbeitung des Tons, berichtet. Allerdings konnte kein Betrieb die Ursachen hierfür angeben.

REECH (1970) hat umfangreiche keramische Untersuchungen am Haldenton durchgeführt und die erhaltenen Werte mit denen des Frischtons verglichen. In Tab. 3 sind die wichtigsten Ergebnisse zusammengefaßt. Die Werte wurden aus einer statistisch hinreichend großen Zahl von Einzelwerten (grundsätzlich mehr als 20) gemittelt. So konnten diese auch nach dem t-Test geprüft werden. Aus dieser statistischen Analyse ergab sich, daß alle Abweichungen der entsprechenden Werte von Frisch- und Haldenton signifikant sind.

Wie aus der Gegenüberstellung der keramischen Eigenschaften von Frischton und Haldenton in Tab. 3 ersichtlich ist, treten z. T. recht erhebliche Unterschiede auf. Diese Veränderungen deuten einmal auf eine Verbesserung und zum anderen auf eine Minderung der Qualität durch die Haldung des Tons hin.

Eine Verbesserung des Haldentons zeigt sich in der Zunahme des Korngrößenanteils $< 2\ \mu m$, in der Erhöhung der Bildsamkeit, ausgedrückt durch den PFEFFERKORN-Wert, und im größeren ENSLIN-Wert. Ungünstiger sind für seine qualitative Bewertung die geringere Trockenbiegefestigkeit, die starke Abnahme des pH-Werts, die erhöhte Trocken- und Brennschwindung und die höhere Wasseraufnahme nach dem Brand bei 900 °C.

Zwischen der Wasseraufnahme und der Trockenbiegefestigkeit läßt sich ein gewisser Zusammenhang herleiten. Die höhere Wasseraufnahme im Haldenton läßt auf eine geringere Packungsdichte gegenüber dem Frischton schließen; deshalb liegt die Rohbruchfestigkeit niedriger.

Am stärksten verändert sich beim Haldenton der pH-Wert. Als Ursache dafür wird die Verwitterung des Pyrits angesehen, da sich bei dessen Zersetzung Schwefelsäure bilden kann.

Zusammenfassung

Der Haselbacher Ton im Abraum der Braunkohle des Weißelsterbeckens ist nur in bestimmten Bereichen für die keramische Industrie geeignet. In diesen Bereichen aber ist er zum Teil glazialdynamisch stark gestört. Die Störungen erschweren Abbau und Gewinnung des Tons, haben aber seine keramischen Eigenschaften nicht oder nur unwesentlich verändert.

Die durch den Abbaufortschritt der Braunkohle bedingte Zwischenhaldung des Tons führt besonders zu einer Auflockerung des Gefüges und zur Verwitterung des Pyrits. Daraus resultieren Änderungen der keramischen Eigenschaften, und zwar teils Verbesserungen, teils jedoch auch Qualitätsminderungen. Diese Qualitätsänderungen beeinträchtigen jedoch die Verwendbarkeit des Haselbacher Haldentons nicht grundsätzlich, sondern lassen sich durch bestimmte Maßnahmen verarbeitungstechnisch kompensieren.

Резюме

Встречающаяся в отвальных породах бурого угля бассейна р. Вейссе Эйльстер Газельбахская глина только в определенных участках пригодна для керамической промышленности. Однако, в таких же участках она гляциально-динамически сильно нарушена. Нарушения затрудняют разработку и добычу глины, но они не изменили ее керамических свойств или только несущественно изменили их.

Обусловленное подвиганием фронта очистной выемки промежуточное залегание глины на отвалах особенно приводит к разрыхлению строения и к выветриванию пирита. В связи с этим возникают изменения керамических свойств, а именно отчасти улучшения, отчасти, однако, и понижения качества. Эти изменения качества, однако, не принципиально мешают применимости Газельбахской отвальной глины; их можно компенсировать определенными мероприятиями при переработке.

Summary

The Haselbach clay in the brown-coal overburden of the Weisse Elster basin is only suited in certain zones for the ceramic industry. There, however, it is partly highly disturbed glacial-dynamically. By the disturbances mining and getting are made difficult, whereas the ceramic properties of the clay were left unchanged, or were only changed insignificantly.

An intermediate piling of the clay is conditioned by the progress of brown-coal mining operations, which leads in particular to a disaggregation of the structure and to a weathering of the pyrite. Changes of the ceramic properties resulting from them include both improvements and reductions of the quality. However, the suitability of the Haselbach stock-pile clay is not fundamentally affected by these changes of quality because they can be compensated by certain technical measures when processing the clay.

Literatur

HOHL, R.: Der Haselbacher Ton des Weißelster-Beckens. – Z. angew. Geol., 5, 589–595, 1959, und 6, 14–18, Berlin 1960.

LANITZ, W.: Rohstoffkennblatt Haselbacher Ton. – Silikattechnik, 19, H. 12, Berlin 1968.

MEYER, G.: Die Ablagerung der Flöze im Südwesten des Bornaer Braunkohlenreviers und ihre bergbauliche Erschließung unter besonderer Berücksichtigung des Schleenhainer Abraumes. – Unveröff. Ms., Archiv des PKB Kohle (1950).

REECH, M.: Untersuchung über die Qualitätsänderung von Braunkohlentonen durch Haldung. – Unveröff. Dipl.-Arb., Hochsch. Architektur und Bauwesen, Sektion Baustoffverfahrenstechnik, Weimar 1970.

WAGENBRETH, O.: Neue quartärgeologische Beobachtungen im Tagebau Profen bei Zeitz. – Freiberger Forsch.-H., C 80, 25–57, Berlin 1960.

Mineralvorräte in Australien

N. A. BELJAJEWSKIJ

Der Abbau von Bodenschätzen in Australien nimmt ständig an Umfang zu. Die Hauptursachen bestehen darin, daß der Mineralexport jährlich um etwa 10% anwächst, daß eine Reihe neuer Lagerstätten entdeckt wurde und erschlossen wird und daß sich die Förderleistungen vergrößern. Viele australische Lagerstätten verfügen über bedeutende Vorräte, die einen kontinuierlichen Abbau für viele Jahre gewährleisten. Einige von ihnen sind den geologischen Eigenschaften nach den sowjetischen Lagerstätten sehr ähnlich, andere weisen Unterschiede auf. Analoge Bodenschätze können in der UdSSR vor allem in den Gebieten vorgefunden werden, in denen Gesteinsarten des Präkambriums entwickelt sind. In diesem Artikel werden die wichtigsten Gruppen der australischen Lagerstätten untersucht, dabei auch diejenigen, die erst vor kurzer Zeit entdeckt worden sind.

Eisenerzlagerstätten

Gegenwärtig befindet sich das bedeutendste Eisenerzbergwerk im Gebiet von Piery (Middleback Ranges). Hier lagern Hämatitquarzite mit Bändertextur in metamorphen Gesteinen des Präkambriums, die eine Synklinalfalte bilden, die sich über mehr als 70 km erstreckt. Die Quarzite sind von Schiefern mit hohem Gehalt an Tonerde und von Amphiboliten begleitet. In den Abbaugebieten von Iron Monarch, Iron Prince und Iron Baron wurden 1964 über 90,2 Mill. t Hämatiterz mit einem Gehalt von 60 bis 68% Fe und 0,5 bis 30% Mn abgebaut. Der Phosphorgehalt betrug höchstens 0,1%.

In Westaustralien (Jampi Sound) werden die Eisenerzlagerstätten langsamer erschlossen. Eisenerz wird auf der Insel Kokatu abgebaut, wo 1964 etwa 10 Mill. t Hämatitquarzite mit einem Durchschnittsgehalt von 63,3% Fe gefördert wurden. Vor einiger Zeit wurden in Ophtalmia Range und Hamersley Range mächtige Eisenerzlagerstätten aufgefunden, deren Vorräte allein innerhalb der drei Erzreviere bei Mount Tom Price, Mount New Man und Mount Golverty über 8 Mrd. t (bis zu 60% Fe und bis zu 0,1% P) ausmachen. Die Erze entstanden als Produkte von oberflächennahen Veränderungen der Tertiärgesteine, die zu einer bedeutenden Metallanreicherung der proterozoischen Jaspilite führten, die Hämatit und Goethit enthalten.

In diesem Gebiet stehen in den Flußtälern des Robe, des Duck Creek und des Turner Terrassen an, die von Goethit-Limonit-Erzen (50 bis 60% Fe) mit geringem Hämatitgehalt gebildet werden. Von den anderen gegenwärtig noch nicht erschlossenen Lagerstätten müssen genannt werden: in Westaustralien Hämatitquarzite bei Kooliyanobbing (Vorräte von 53 Mill. t, 62% Fe-Gehalt), in Tasmanien Magnetiterze der Lagerstätte bei Savage mit Vorräten von 460 Mill. t, 50 bis 60% Fe-Gehalt, im Staat Queensland Hämatit-Siderit-Chamosit-Erze im Gebiet von Constany Range (Vorräte von 270 Mill. t, 51,5% Fe). Noch nicht erkundet sind bedeutende Lagerstätten bei Koolanseka, Scott River, Francis Creek und Mount Bandy. In den letzten drei Jahren wurde die Eisenerzförderung etwa um 50% gesteigert, 1967 betrug sie über 18,5 Mill. t, die Roheisenerzeugung belief sich auf etwa 5 Mill. t.

Aus: „Raswedka i ochrana nedr" (1969), 10, S. 59–62. Übers.: Intertext, Berlin.

Manganlagerstätten

Die Vorräte an Manganerzen sind hauptsächlich in Westaustralien konzentriert und werden auf 3,8 Mill. t mit einem Mangangehalt von 40% und auf 32 Mill. t mit einem Mangangehalt von 30 bis 40% geschätzt. Die Entstehung von nestförmigen Manganerzlagerstätten in den Karstgebieten und in anderen Hohlräumen ist auf die Verwitterung verhältnismäßig manganreicher Sedimentgesteine zurückzuführen. Ihrer Größe nach unbedeutende, flachliegende, schichtförmige Pisolithlagerstätten sind im Gebiet des Carpentariagolfs bekannt. Die in diesem Gebiet niedergebrachten Bohrungen zeigten, daß sich die Manganvererzung bis in 25 m Teufe erstreckt. Gegenwärtig werden über 548000 t Manganerz gefördert.

Nickellagerstätten

1967 wurden in Kambalda, in der Nähe von Kalgoorlie, sulfidische Nickelerze mit einem Gehalt von 3,8% Ni entdeckt, deren Vorräte man auf 9,3 Mill. t schätzt. In Greenvale wurden vor kurzem Laterit-Nickel-Erze gefunden, deren Vorräte ca. 45 Mill. t betragen sollen; ihr Nickelgehalt beträgt 1,55% und ihr Co-Gehalt 0,11%. Im Gebiet von Wingellin betragen die Vorräte dieser Erze 60 Mill. t. So wurde für Australien eine Mineralrohstoffbasis für die Erzeugung von Rohnickel geschaffen.

Ilmenitlagerstätten

Die größte Menge an Ilmenit wird aus den Küstensanden in der Nähe der Keppel Bay gewonnen, wo in den letzten zehn Jahren über 1,15 Mill. t dieses Minerals sowie

3700 t Rutil und 55800 t Zirkon gefördert wurden. Die Gesamtvorräte an Ilmenit sind auf 12 Mill. t geschätzt, wobei der Durchschnittsgehalt in den Seifen 30% bis 40% (manchmal bis zu 90%) beträgt. Ilmenit mit industriell wertvollen Konzentrationen wurde im Gebiet von Yohanap (südlich der Keppel Bay), nördlich von Bunbury und östlich von Basselot festgestellt. Die Vorräte der für den industriellen Abbau geeigneten Ilmenitseifen betragen im Küstengebiet des Geographic Golf 15 Mill. t; außer dem Ilmenit können gleichzeitig noch über 1 Mill. t Zirkon, 100000 t Monazit, 0,5 Mill. t Rutil und 0,5 Mill. t Leukoxen gewonnen werden. 1967 wurden in Australien 538700 t Ilmenitkonzentrat produziert.

Rutil- und Zirkonlagerstätten

In den letzten zwanzig Jahren wurde Australien zu einem der Hauptlieferanten dieser Minerale im Weltmaßstab. Sie werden hauptsächlich in Queensland und im nördlichen und zentralen Teil von Neu Südwales gewonnen, wo 1,348 Mill. t Rutil und 1,379 Mill. t Zirkon abgebaut wurden. Der Bergbau basiert auf Dünensanden und Sanden der Brandungszone. Gleichzeitig mit dem Rutil werden Monazit und Ilmenit mit einem hohen Chromoxidgehalt gewonnen.

Bauxitlagerstätten

Die Bauxite sind im allgemeinen in den Gebieten des Carpentariagolfs und des Darlinggebirges konzentriert. Die größte Lagerstätte von Weipa zieht sich zwischen dem Golf von Breel Point und der Bucht Archer über mehr als 350 km² hin, die Vorräte betragen 4 Mrd. t. Pisolithbauxite, die 50% Aluminium enthalten und bilden eine 8 bis 9 m mächtige Deckschicht auf einer alten eingeebneten Oberfläche. Analog sind diesen Bauxiten die Lagerstätten von Gove mit Vorräten über 200 Mill. t und auf der Insel Marchibar mit Vorräten von 9,8 Mill. t. Im Darlinggebirge sind einige verstreute Lagerstätten bekannt, von denen nur die von Yarachdale (80 Mrd. t) abgebaut wird. Die Mächtigkeit der Bauxitlager schwankt hier zwischen 2,5 und 15 m. Es werden auch kleinere Lagerstätten in den Staaten Queensland, Neu-Südwales und Victoria abgebaut. Die Bauxitförderung nahm von 1966 bis 1967 um über das Doppelte zu und stieg auf 4,170 Mill. t. In Australien werden jährlich etwa 90000 t metallisches Aluminium erschmolzen.

Kupferlagerstätten

Die Förderung von Kupfererzen in relativ großem Umfang wurde erst vor kurzer Zeit aufgenommen, nachdem die Lagerstätte bei Mount Isa mit Vorräten von 34 Mill. t entdeckt worden war, deren Erzkörper einer unterproterozoischen Schieferfolge zugerechnet werden. Die Erzkörper unterscheiden sich nach ihrer mineralogischen Zusammensetzung. Die einen sind bleizinkhaltige Schiefer, die anderen Kupferschiefer. Die eigentliche Kupfervererzung ist an verkieselte Dolomite gebunden, die sich bis in eine Teufe von über 600 m erstreckt. Eine andere Lagerstätte im Staat Queensland, der Mount Morgan, stellt eine komplexe Kupfer-Gold-Lagerstätte dar. Ihre Erzkörper lagern in devonischen Vulkaniten und Sedimentgesteinen, die eine schmale Kontaktzone zu einem Granitmassiv bilden. Die Erzvorräte betragen über 10 Mill. t mit 1,1% Cu und 3,5 g/t Au.

Reiche Erze werden beim Mount Levell in Tasmanien abgebaut. Die restlichen 22,9 Mill. t Erz sind weniger kupferhaltig (0,93%). Die sulfidischen Erzkörper lagern in einer Faltungszone von vulkanogenen Schichten des Kambriums, die von Verwerfungen durchzogen ist. Vielversprechend ist die Lagerstätte von Kobar, deren Vorräte an industriell nutzbaren Erzen 18 Mill. t betragen. Ferner wird auch die Lagerstätte von Tenant Creek (1 bis 4,62% Cu und 4,5 g/t Au) abgebaut. Eine Reihe kleiner Lagerstätten von Oxydationserzen ist auch an anderen Orten entdeckt worden. In Australien wurden bis zu 130000 t Kupfer durch Verhüttung produziert.

Zinnlagerstätten

Ende des vergangenen Jahrhunderts war in Australien nicht weniger als ein Viertel der gesamten Zinnerzeugung der Welt konzentriert. Nachdem es zu einem bedeutenden Produktionsrückgang in der ersten Hälfte unseres Jahrhunderts gekommen war, weil nur Reicherze abgebaut wurden, kann in den letzten Jahren ein Anwachsen der Zinnerzförderung beobachtet werden. Das ist darauf zurückzuführen, daß Erzlager entdeckt werden, deren Vorräte auf 150000 t geschätzt werden. Etwa 700000 t Zinnkonzentrat (70% Metall) werden aus alluvialen Seifen gewonnen, die hauptsächlich in Queensland (Mount Garnem), in Tasmanien (an den Flüssen Ringarooma, Gladstone und Derby) und in Westaustralien (Greenbush) anstehen. Ihre Vorräte sind von geringer Bedeutung, sie sind schnell abgebaut. Als rentabel wird ein Kassiteritgehalt von 450 bis 500 g/m³ angesehen.

Zu den großen primären Lagerstätten gehören Aberfoyle und Story Creek, deren Erzkörper zu einem System von Quarzgängen in silurischen Ablagerungen gehören, die gefaltet sind und in der Nähe zur Kontaktzone mit einer devonischen Granitintrusion liegen. Beide Lagerstätten sind komplexe Zinn- und Wolframerzlagerstätten. Die Erzvorräte werden auf 781000 t geschätzt. Die größte Lagerstätte ist Renison Bell, deren Sulfidkörper geneigt lagern. Die Vorräte dort betragen 11 Mill. t mit einem Sn-Gehalt von 0,72% und 0,33 Mill. t mit einem Sn-Gehalt von 1,26%.

Kürzlich wurde in der Nähe der abgebauten Lagerstätte Mount Bishof die neue, sehr große Lagerstätte Mount Cleveland mit Vorräten von 2 Mill. t und einem Sn-Gehalt von 1% aufgefunden. Es handelt sich hier um Pyrit-Pyrrhotin-Erze mit Kassiterit. Seit 1964 wird die Lagerstätte von Ardletan (Neu Südwales) abgebaut, wo der Kassiterit in Granit eingesprengt ist. Die Erzvorräte werden auf 3 Mill. t geschätzt, der Sn-Gehalt beträgt 0,4%. 1967 wurden 3600 t Zinn durch Verhüttung gewonnen.

Wolframlagerstätten

Eine relativ geringe Menge an Wolframkonzentraten steht gleichzeitig mit der Anreicherung der Zinnerze aus den Lagerstätten von Aberfoyle und Story Creek an.

Von den eigentlichen Wolframlagerstätten ist King Island bekannt, das über Skarnerze im Kalk verfügt. Die Vorräte dort betragen 1,5 Mill. t mit einem Wolframoxidgehalt von 0,52%. Außerdem sind noch Lagerstätten in Queensland und in Neu Südwales bekannt. Die Jahresförderung an Konzentrat mit 65% WO_2 beträgt über 1,800 t.

Blei- und Zinklagerstätten

Im östlichen Teil Australiens befinden sich die größten Blei-Zink-Lagerstätten der Welt: Broken Hill und Mount Isa. Die erste, die in archäischen metamorphen Schichten lagert, wird seit 1883 abgebaut. Bis 1964 wurden aus dieser Lagerstätte über 92 Mill. t Galenit-Sphalerit-Erz gefördert, aus dem über 12,4 Mill. t Blei, 8,6 Mill. t Zink und etwa 627 Mill. Unzen Silber gewonnen wurden. Der Erzkörper hat eine Länge von über 600 m und reicht in eine Teufe von etwa 60 m. Neuerdings wurden durch geologische Erkundungsarbeiten oberflächennahe Vererzungen in einem neuen Revier mit einer Fläche von etwa 20 km² festgestellt.

Bis 1964 wurden in der Lagerstätte von Mount Isa 1,16 Mill. t Blei, 0,56 Mill. t Zink und 92 Mill. Unzen Silber gefördert. Die Vorräte dieser Lagerstätte betrugen 1964 über 27,1 Mill. t mit 7,8% Bleigehalt, 5,9% Zinkgehalt und 5,6 Unzen Silber pro t Erz. Die Erzmineralisation ist innerhalb einer 40 km langen Zone lokalisiert, die proterozoische Schiefer in Meridionalrichtung durchsetzt. Die wichtigsten Erzminerale sind Galenit, Sphalerit und Tetraedrit. Aus der anderen großen Lagerstätte bei Red Roseberry in Westtasmanien mit Vorräten von 4 Mill. t werden jährlich einige hundert t Blei gefördert. Die übrigen Blei-Zink-Lagerstätten sind bedeutend kleiner als die obengenannten. 1967 wurden über 100000 t Blei und fast 200000 t Zink gewonnen.

Silberlagerstätten

In den letzten hundert Jahren wurden in Australien über 28300 t Silber aus Blei-Zink-Erzen der Lagerstätten von Broken Hill, Mount Isa und Red Roseberry durch Verhüttung gewonnen. Kleine Mengen Silber fallen beim Verhütten der Kupfererze von Mount Isa, Kabar, Mount Morgan und Mount Levell und beim Läutern von Gold in Westaustralien an. Die Jahresproduktion von Silber beträgt etwa 300 t.

Goldlagerstätten

Seit der Mitte des vergangenen Jahrhunderts bis zur Gegenwart wurden in Australien über 5000 t Gold gewonnen. Der Hauptteil stammt aus Seifen. Die primären Goldlagerstätten befinden sich im östlichen Teil Australiens und sind dort an paläozoische Schichten gebunden; im westlichen Teil stehen sie mit basischen und ultrabasischen präkambrischen Gesteinen in Zusammenhang.

Etwa 80% des Goldes werden in Westaustralien gewonnen. Hier lagern im Gebiet von Kalgoorlie im Revier „Goldene Meile" mit einer Länge von 3,5 km und einer Breite von etwa 2 km basische präkambrische Laven und Tuffe, die von Gabbro- und Doleritintrusionen durchsetzt sind. Diese Gesteine sind in Regionalmetamorphose in Grünschiefer umgewandelt worden. Eine mit der Tiefe ausklingende Vererzung ist in den Faltungs- und Bruchzonen mit einer Breite von 1—5 m konzentriert. Im Gebiet von Norseman treten vererzte Quarzgänge auf, die die methamorph veränderten basischen Gesteine über eine Strecke von über 30 km durchsetzen. Beim Mount Magnet, wo mehr als 50 Bergwerke in Betrieb sind, ist die Goldvererzung an eine Verkieselungszone in basischen Gesteinen gebunden.

In der Kupfer-Gold-Lagerstätte von Tenant Creek ist die Goldvererzung in Quarz-Hämatit- und Quarz-Magnetit-Lagern in Zerrüttungszonen lokalisiert. In dem Revier von Pecos besitzen die Pyrit-Pyrrhotin-Chalkopyrit-Erzlager Röhrenform. Die bedeutendste Lagerstätte von Queensland, Mount Morgan, hat einen Goldgehalt von 3,6 g/t. Von den anderen großen Goldlagerstätten müssen die komplexen Blei-Zink-Lagerstätten in Broken Hill, Red Roseberry und die Kupferlagerstätte von Mount Levell noch erwähnt werden. Im Jahr werden 24—25 t Gold gewonnen.

Uranlagerstätten

Die bedeutendste Uranlagerstätte befindet sich im Gebiet von Mary Kathleen. Sie liegt in metamorphosierten präkambrischen Karbonatgesteinen und enthält Uraninit. Es werden sowohl primäre Erze mit Vorräten von 3171600 t und einem Gehalt an Uranoxid von 1,6 kg/t wie auch sekundäre, oxydierte Erze mit Vorräten von 1235700 t und einem Gehalt an Uranoxid von 2 kg/t abgebaut. Bis 1963 wurden 3600 t Uranoxid gewonnen. Ein anderes bedeutendes uranführendes Gebiet ist am Ram Joungle (Lagerstätten von White und Dison). Von 1960—1963 wurden hier 1325 t Uranoxid gefördert. Die Radiumlagerstätte Radium Hill wird gegenwärtig als Uranlagerstätte abgebaut. Die Vererzung ist an Spaltenzonen gebunden, die archäische Gneise und kristalline Schiefer durchziehen. Der Wert des geförderten Radiums und Urans wird auf 38—39 Mill. Dollar veranschlagt. Ein relativ großes Objekt sind die Lagerstätten am Fluß Süd-Aligator, die sich in proterozoischen Sedimentgesteinen befinden. Hier wurden bis Ende 1964 568 t Uranoxid gefördert.

Erdöl- und Erdgaslagerstätten

Als Ergebnis einer systematischen Erkundung wurden 1961 Erdöllagerstätten in Jura-Ablagerungen von Südqueensland im Gebiet von Mooney (Vorräte von etwa 6 Mill. t) und Olton (1 Mill. t) und Erdgaslagerstätten in Jura- und Trias-Ablagerungen von Roma (Vorräte von 10 Mrd. m³) entdeckt. Die Gasvorräte, die im Revier von Merenie in Ordovizium-Ablagerungen entdeckt worden sind, betragen 70 Mrd. m³. Die Vorräte der Lagerstätten im Gebiet von Gigilpa in permischen Ablagerungen werden auf 35 Mrd. m³ veranschlagt. Auf der Insel Barrow und in dem sie umgebenden Meeresgebiet wurden bei Bohrungen Erdöl- und Erdgasanzeichen gefunden. Sehr höffig sind die Lagerstätten zwischen Australien und Irian, wo seismische Arbeiten ausgeführt wurden, und das Gebiet des Großen

Barriere-Riffs, das sich entlang der Ostküste des Festlands zieht. Die Erdölförderung betrug 1967 etwa 1,2 Mill. t.

Kohlelagerstätten

Die berechneten Vorräte an Steinkohle betragen 4663 Mill. t, die der Braunkohle über 600 Mill. t. Permische Steinkohlelagerstätten befinden sich im Becken von Sidney, Boyen und Bleyer Atoll in Queensland und Cooley in Westaustralien. In triassischen Schichten finden sich die Lagerstätten von Leighs Creek (Südaustralien) und Fingal (Tasmanien), in Jura-Ablagerungen Wonthaggi in Victoria, Tannimorel und andere, in Kreide-Sedimenten Burrume. Tertiäre Braunkohlen gibt es hauptsächlich in Victoria und Südaustralien. 1967 wurden über 34,7 Mill. t Steinkohle und etwa 23,8 Mill. t Braunkohle gefördert.

Nach den Erkundungsarbeiten der letzten Jahre hat sich herausgestellt, daß die Vorräte an Bauxiten, Eisen- und Kupfererzen in Australien bedeutend größer sind. Man hat neue sulfidische Nickelerz- und Zinnlagerstätten entdeckt. Erdölhöffig sind die Flachwassergebiete um Australien.

Literatur

MCANDREV, I. I.: Geology of Australian Ore Deposits. – Eight Commonwealth Mining and Metallurgical Congress, v. 1, Melbourne 1965.
MCLEOD, J. R.: Australian Mineral Industry. The Mineral Deposits. – Bull. of Bureau of Mineral Resources, Geology and Geophysics, No 72 (1965).
MCLEOD, J. R., & J. MIEZITIS: Mineral Deposits. Atlas of Australian Resources. Second Series, Second Edition, Canberra 1965.
SUSON, A. P.: Australien Mineral Industry. – Bureau of Mineral Resources, Geology and Geophysics, A. C. T., v. 19, 10, 21, Canberra 1966–1968.
– Die Organisation von geologischen Erkundungsarbeiten in Australien. In: Serie Ökonomie der mineralischen Rohstoffe und der geologischen Erkundungsarbeiten. – Verl. ONTI WIEMS, Moskau 1968.

„Geschichte der Lagerstättenlehre"

Bericht über das Symposium des Internationalen Komitees für Geschichte der Geologischen Wissenschaften (INHIGEO) in Freiberg (Sa.)

In der Zeit vom 14. bis 20. September 1970 fand in Freiberg das Internationale Symposium „Zur Geschichte der Lagerstättenlehre" statt. Die Tagung war vom Internationalen Komitee für Geschichte der Geologischen Wissenschaften (INHIGEO) an die DDR vergeben worden und wurde von der Bergakademie Freiberg und dem Nationalkomitee für Geologische Wissenschaften der DDR bei der Deutschen Akademie der Wissenschaften zu Berlin veranstaltet.

An dem Symposium nahmen über 100 Geowissenschaftler und Wissenschaftshistoriker aus 22 Ländern teil.

Der Rektor der Bergakademie Freiberg, Prof. Dr. sc. techn. D. ROTTER, betonte bei der Eröffnung des Symposiums die ständig zunehmende Bedeutung der Wissenschaftsgeschichte für die erfolgreiche Lösung der Aufgaben in der wissenschaftlich-technischen Revolution.

Der Präsident des INHIGEO, Prof. W. W. TICHOMIROW (UdSSR), hielt den Eröffnungsvortrag über den „Platz der Geschichte der Geologie unter den anderen Wissenszweigen".

An den drei Konferenztagen des Symposiums wurden in 20 Vorträgen Arbeitsergebnisse und Anschauungen zur Geschichte genetischer Vorstellungen, zur Entwicklung des Kenntnisstands bei der Erforschung von Lagerstätten und Lagerstättenbezirken sowie zur Rolle verdienter Wissenschaftler bei der Entwicklung der Lagerstättenlehre dargelegt.

Auf den drei anschließenden Tagesexkursionen (Weimar–Buchenwald; Erzgebirge; Dresden–Meißen) hatten die Teilnehmer Gelegenheit, Sehenswürdigkeiten, Dokumente und Gedenkstätten vor allem zur Wissenschafts-, Geologie- und Kulturgeschichte kennenzulernen.

Den Teilnehmern des Symposiums wurden die „Thesen der Vorträge", in denen 68 eingereichte Beiträge berücksichtigt sind, sowie ein Exkursionsführer jeweils in russischer, englischer oder deutscher Sprache als Tagungsmaterial übergeben.

Die Veröffentlichung aller eingereichten Vorträge soll in den Freiberger Forschungsheften, Reihe C (Geowissenschaften) erfolgen.

TICHOMIROW, W. W., & A. I. RAWIKOWITSCH, UdSSR

Der Platz der Geschichte der Geologie unter anderen Wissenschaftszweigen

1. Die Probleme der Geschichte der Geologie sind von einigen hervorragenden Naturwissenschaftlern des vergangenen Jahrhunderts (G. CUVIER, CH. LYELL u. a.) und zu Beginn unseres Jahrhunderts (W. I. WERNADSKIJ, A. GEIKI u. a.) untersucht worden. Erst Mitte des 20. Jahrhunderts jedoch wurde die Geschichte der Geologie zu einem selbständigen Zweig mit einem für ihn charakteristischen Forschungsgegenstand, bestehend aus traditionellen Methoden und speziellen Problemen.

2. Der Gegenstand der Geschichte der Geologie umfaßt einen Kreis von Fragen und Problemen, die für die Geologie charakteristisch sind. Untersuchungsobjekt sind der Entwicklungsprozeß von Ideen und Richtungen in den verschiedenen Zweigen der Geologie sowie die Besonderheiten der wissenschaftlichen Arbeit.

3. Bei historischen Untersuchungen in der Geologie finden Methoden Verwendung, die sich auf folgende geowissenschaftlichen Komplexe erstrecken: aktualistische, fazielle, biostratigraphische, paläogeographische usw. Außerdem kommen empirische Methoden in verschiedenen Zweigen der Geologie zur Anwendung, die aus anderen Naturwissenschaften stammen.

Die Untersuchung der wissenschaftlichen Arbeit wird mit Methoden ausgeführt, die für solche Sozialwissenschaften wie Geschichte, Psychologie und Philosophie charakteristisch sind.

4. Hauptaufgabe der Untersuchungen zur Geschichte der Geologie ist die Analyse der Bedingungen für den Ursprung, die Entstehung und die Entwicklungswege der wichtigsten geologischen Ideen, Richtungen, Schulen und Methoden. Dieser gesamte Fragenkreis bezieht sich auf das Gebiet der geologischen Wissenschaften. Daneben ähneln die Probleme, die für die wissenschaftliche Arbeit von Bedeutung sind, denen anderer Zweige der Naturwissenschaftsgeschichte: Periodisierung, Priorität, Wechselbeziehung zu philosophischen Ideen usw.

5. Die Untersuchungen zur Geschichte der Geologie liefern Ergebnisse, die häufig in direkter Beziehung zu anderen Zweigen der Wissenschaft stehen (Chemie, Biologie) und mit praktischen Wissenschaftsgebieten (Bergbau, Metallurgie usw.) direkt in Verbindung treten.

6. Die Untersuchungen zur Geschichte der Geologie helfen bei der Feststellung von Hauptrichtungen in der Entwicklung der Geowissenschaften. Deshalb gestatten es solche historischen Untersuchungen, besser eine Einschätzung des derzeitigen Wissenschaftsstands und die Perspektiven der weiteren Entwicklung vorzunehmen. Die gewonnenen Schlußfolgerungen liefern die wissenschaftliche Begründung für Empfehlungen auf organisatorischem Gebiet (z. B. Schaffung neuer Institute und Laboratorien).

7. Auf Grund der Analyse des Gegenstands, der Methoden und Hauptprobleme der Geschichte der Geologie kann die

Eingang des Manuskripts in der Redaktion: 15. 10. 1970.

Schlußfolgerung gezogen werden, daß dieser Wissenszweig zum Komplex der geologischen Wissenschaften gehört. Einige ihrer Probleme stimmen zwar mit allgemeinen Fragen der Geschichte der Naturwissenschaft überein; ihre theoretischen Schlußfolgerungen jedoch sind von weltweiter Bedeutung.

BANERJI, A. K., Indien

Hundert Jahre Vorstellungen über den Ursprung der Kupfererzlagerstätten in der Abscherzone von Singhbhum, Ostindien

Die Vorstellungen über die Entstehung der in der Abscherzone von Singhbhum, Ostindien, vorkommenden Kupfererzlagerstätten haben sich in den 100 Jahren zwischen 1870 und 1970 im Kreise bewegt. BALL (1870) war offensichtlich Neptunist. Seiner Meinung nach wurde das Kupfer gleichzeitig mit den ursprünglichen Sedimenten mechanisch oder chemisch abgelagert; spätere Störung der letzteren während der Metamorphose ermöglichte die Ablagerung des Kupfers auf Spalten und in Öffnungen. Seiner Auffassung wurde gleich darauf von STOEHR (1870), einem Plutonisten, widersprochen. Dieser glaubte, daß in dem Gebiet vorkommende Grünsteine (basische Laven) für die Kupfermineralisation in Singhbhum verantwortlich zu machen seien. Seitdem haben die Plutonisten das Feld behauptet. HALLOWES (1905 bis 1908) meinte, daß das Kupfer und andere Vererzungen dieses Gebiets mit dem Granit von Singhbhum in Zusammenhang stünden. FERMOR (1919) vertrat die Auffassung, daß hydrothermale Lösungen aus dem Granit die Ursache für die Entstehung des Kupfererzes seien, und DUNN (1937), daß die Kupfervererzung mit den Sodagraniten verbunden sei, die ihrerseits aus Restlösungen des Singhbhumgranits entstammten.

Spätere Arbeiten (BANERJI 1962; TALAPATRA 1968) haben darauf hingewiesen, daß die Entstehung der Kupferlagerstätten in der Abscherzone von Singhbhum mit Metamorphose, Migmatisation und Metasomatismus in der Abscherzone in Zusammenhang stehen. Diese Autoren vertreten die Meinung, das Kupfer sei ursprünglich in beträchtlichen Spuren in den primären metavulkanischen und metasedimentären Gesteinen der Abscherzone vorhanden gewesen und sei dann in den aufeinanderfolgenden Stadien der regionalen Metamorphose bzw. der Migmatisation mobilisiert und metamorphosiert worden. Das Kupfer sei schließlich in metasomatisch entstandene mineralisierende Lösungen gelangt, aus denen es in Form von Kupfersulfidlagerstätten unter geeigneten physiko-chemischen Bedingungen auskristallisierte. Somit ist man nach hundert Jahren zu einer neptunistischen Hypothese zurückgekehrt.

BAUMANN, L., DDR

Die endogenen „Lagerstättenformationen“ in der historischen Entwicklung der Lagerstättenforschung

Einführend wird auf die Entwicklung des Begriffs „Lagerstättenformation“ im sächsischen Erzbergbau eingegangen. Ausgehend von der wissenschaftshistorischen Notwendigkeit der Formulierung eines Begriffs für diese genetische Einheit und unter Berücksichtigung der verschiedenen, z. T. bergbaupraktischen Gesichtspunkte, die hierbei wesentlich mit von Einfluß gewesen sind, wird eine moderne Begriffsbestimmung für die Lagerstättenformation versucht.

Daran schließt sich eine Untersuchung über die Bedeutung der „Lagerstättenformation“ im Rahmen der historischen Entwicklung der Systematik endogener Lagerstätten an, wobei die Auswirkungen der klassischen erzgebirgischen „Erzformationen“ auf die internationalen Lagerstättenklassifikationen besonders berücksichtigt werden. Es wird begonnen mit den Anfängen einer ersten schematischen Unterteilung (AGRICOLA bis zur Zeit vor A. G. WERNER), die ihre Fortsetzung finden über die ersten beschreibenden Systematisierungsversuche, bevorzugt nach der Mineralisation (V. CHARPENTIER, A. G. WERNER, BREITHAUPT) sowie darüber hinaus noch nach Form und Genese (COTTA, STELZNER) bis zu den stärker magmenbezogenen, zonaltheoretischen (J. H. L. VOGT, EMMONS) und bevorzugt physikochemisch orientierten Klassifikationen (NIGGLI, SCHNEIDERHÖHN). Durch die in den vergangenen Jahrzehnten einsetzende stärkere Berücksichtigung der geotektonischen-geomagmatischen Vorgänge bei der Lagerstättenbildung erfolgt eine verstärkte Einflußnahme minerogenetisch-metallogenetischer Gesichtspunkte auf die moderne Lagerstättensystematik (PETRASCHECK, BORCHERT, W. J. SMIRNOW u. a.).

DABER, R., DDR

Zur Geschichte der Entstehungstheorie und Nutzung der kohlenführenden Sedimente

1. Die erste umfassende, sowohl die naturwissenschaftlichen, wie bergmännischen, und die Fragen der rationellen Verwendung behandelnde Darstellung der Kohlengeologie ist das Buch „Beiträge zur Chymie und Geschichte des Mineralreichs — Zweyter Theil“, des Berliner Bergrats und Lehrers an der Berliner Bergakademie CARL ABRAHAM GERHARD, erschienen in Berlin 1776.

2. Vor V. BEROLDINGEN (1778) und V. CHAMISSO (1824) hat GERHARD (1776) die Torfe, Braun- und Steinkohlen richtig klassifiziert und ihre Genese gedeutet. Ebenso seiner Zeit weit voraus waren GERHARDS Beobachtungen und Deutungen des Bernsteins, des Erdöls, des Basalts und des Granits.

3. Die grundlegenden geologischen Erkenntnisse J. G. LEHMANNS (1756) und C. A. GERHARDS (1773, 1776, 1781, 1782, 1786) wurden möglich, weil der Stand der Eisenhüttentechnik, der Stand der Erschließung von Steinkohlenvorkommen, eine staatlich zentralisierte Verwaltung und der Geist der Aufklärung und der Enzyklopädisten in der Mitte des 18. Jahrhunderts für wenige Jahrzehnte in Preußen zusammenwirkten.

4. 40 Jahre vor der Gründung der Universität Berlin durch W. v. HUMBOLDT (1810) herrschte in Berlin ein beachtliches naturwissenschaftliches Leben durch die Wirkung des Bergrats GERHARD, der Botaniker GLEDITSCH und SPRENGEL, des Chemikers KLAPROTH, des Zoologen BLOCH und des Nachfolgers von GERHARD, KARSTEN. Aber nicht alle schöpferischen Potenzen fanden ihre Förderung; die besten Vertreter blieben mittellos.

ENGELEN, F. H. G., Niederlande

Der vorhistorische Feuersteinbergbau in den Niederlanden und sein Einfluß auf die Kulturgeschichte

Im S der Niederlande, in der Provinz Limburg, hat in vorhistorischen Zeiten eine ausgedehnte Gewinnung von Feuerstein stattgefunden, teilweise als Tagebaugewinnung, danach auch als Untertagebergbau mit Schächten und Strecken.

Daneben gab es auf diesem Gelände eine Bearbeitungsindustrie, die Halbfabrikate und Enderzeugnisse anfertigte und spezialistisch organisiert war.

Kleine Teile der Untertagebergwerke wurden bereits 1914 und 1923 freigelegt und als vorhistorisch erkannt.

Mitte 1964 begann man mit einer Großgrabung. Dazu bildeten 15 Mitglieder der „Nederlandse Geologische Vereniging“ eine Arbeitsgruppe, die es auf sich nahm, in der Freizeit und ohne Entgelt eine Untersuchung quer durch das vorhistorische Bergbaugebiet durchzuführen. Die Mitarbeiter stammen aus allen Schichten der Gesellschaft und haben fast alle Bergbauerfahrung, was sehr notwendig ist. Die Arbeitsgruppe hat einen Stollen von 140 m Länge in die Kreide getrieben. Der Stollen wurde mit Türstock-Stahlausbau, 1,60 × 1,60 m, ausgebaut. Als Fördermittel dient eine Gummibandanlage. Das Material wurde von Steinkohlengruben in der Umgebung zur Verfügung gestellt.

Links und rechts des Stollens wurden vorhistorische Grubenbaue auf einer Breite von insgesamt 20 m freigelegt und untersucht. Damit bekam man ein deutliches Bild der vorhistorischen Bergbautätigkeit.

Das Gebiet der Untertagegewinnung umfaßt 25 ha. Es werden 700 bis 1000 Schächte von 10 m Tiefe und 1,0 m Durchmesser vermutet.

Der Anfang einer Landwirtschaft steigerte den Bedarf an Feuersteinwerkzeugen erheblich und zwang zur Entwicklung einer Gewinnung und Bearbeitungsindustrie.

Der Bergbau wurde vermutlich durch Stämme der Michelsberger Kultur ausgeübt. Es waren erstklassige Fachleute mit großen bergmännischen Kenntnissen, die wirtschaftlich und sicher arbeiteten. Es gelang, 75 bis 85% der Feuersteinbank zu gewinnen.

Der vorhistorische Feuersteinbergbau in den Niederlanden ist vom gleichen Alter wie die steinzeitlichen Bergbautätigkeiten in Spiennes (Belgien) und Radom—Kielce (VR Polen). In der Provinz Limburg ist der Bergbau fast ununterbrochen seit 5000 Jahren ausgeübt worden:

± 3150 v. u. Z.	Bergbau auf Feuerstein
Römerzeit:	Anfang der Untertagegewinnung von Mergelbaustein
± 1100 bis heute:	Bergbau auf Steinkohle

Die Arbeitsgruppe hat bis Anfang 1970 44 Schächte und die damit verbundenen Gewinnungsstrecken frei gemacht.

Die Prähistoriker arbeiteten nach dem „Pillar-and-Room"-System und ließen Kreidepfeiler stehen zum Sichern des Hangenden. Rund 10000 Fundstücke sind eingemessen. Es handelt sich meist um Feuersteinhacken. Daneben ca. 110 Schlagsteine zum Anfertigen von Feuersteingezähe, 4 Werkzeuge aus Hirschhorn, der Schädel eines jungen Mannes (Schädelbegräbnis?).

Die Untersuchung einer Holzkohlenmenge mit Hilfe der ^{14}C-Methode ergab ein Alter von 3150 (± 60) v. u. Z.

Die Grabungsarbeiten wurden Ende 1970 abgeschlossen.

An einer Stelle wurde bereits die Ursache für die Beendigung dieser Abbautätigkeit entdeckt: Die Feuersteinbank läuft im Deckgebirge aus.

EYLES, J. M., England

William Smith (1769 bis 1839) und die Suche nach Kohle in Großbritannien

1791 ging WILLIAM SMITH nach Somerset, wo er als Markscheider in die Kohlengruben einfuhr und Untertagerisse anfertigte. In den folgenden zehn Jahren erkannte er die regelmäßige Aufeinanderfolge der Schichten und unterteilte die Gesteine nach den in ihnen enthaltenen Fossilien. Er stellte fest, daß die britischen kohleführenden Schichten immer unterhalb, aber niemals oberhalb der Schichten der Lias (Unteren Juras) vorkamen. Hiervon ausgehend konnte er angeben, ob eine Suche nach Kohlevorkommen in den verschiedenen Landesteilen Aussicht auf Erfolg hatte oder nicht.

EYLES, V. A., England

Mineralogische Karten als Vorläufer moderner geologischer Karten

Gleich zu Anfang des 18. Jahrhunderts entstand in Europa das Verfahren, auf Karten Lage und Charakter von ökonomisch wertvollen Mineralen zu kennzeichnen. Derartige Lagerstätten konnten z. B. Erzlagerstätten oder Vorkommen von Rohstoffen wie Kohle oder Kalkstein sein. Die örtliche Lage derartiger Lagerstätten wurde auf der Karte oft mit denselben Zeichen vermerkt, die die Alchimisten oder die Chemiker für besondere Metalle gebrauchten.

Mit dem fortschreitenden Jahrhundert und dem Anwachsen des geologischen Wissens entstand auch die Praxis, auf Karten die Verteilung der geologischen Formationen zu zeigen. Es ergab sich so eine Überlappung zwischen diesen beiden Kartenarten.

Die bestbekannten frühen geologischen Karten sind die von J. E. GUETTARD hergestellten. In GUETTARDs und MONNETs Atlas und mineralogischer Beschreibung von Frankreich (1780) sind die Karten in erster Linie mineralogische; sie haben aber in einigen Fällen auch geologische Profile am Kartenrand. Diese Karten zeigen so die Überschneidung dieser beiden Kartentypen an.

Zu Beginn des 19. Jahrhunderts hatte die geologische Karte die mineralogische Karte weit überflügelt, aber der Brauch, zur Angabe des Charakters von Mineralgängen chemische Symbole zu verwenden, hielt noch viel länger an.

Heute ist ein großer Teil der geologischen Forschung in modernen geologischen Karten enthalten, aber es ist klar, daß zu Beginn ihrer Entwicklung ökonomische Gesichtspunkte eine große Rolle spielten.

GEORGIJEW, G. K., & I. R. RASCHKOW, VR Bulgarien

Notizen bezüglich der Kenntnisentwicklung über die nutzbaren Bodenschätze Bulgariens vor seiner Befreiung von der Türkenherrschaft (1878)

Das Territorium Bulgariens und die benachbarten Gebiete waren in der Vergangenheit von verschiedenen Stämmen und Völkern besiedelt, die die Gewinnung verschiedener nutzbarer Bodenschätze betrieben. Unter Berücksichtigung der Werkzeuge und des Charakters der Gesellschaftsordnung kann man nachstehende Zeitabschnitte der Entstehung und Entwicklung von Kenntnissen über nutzbare Bodenschätze ausgliedern:

1. Entstehung von Kenntnissen über nutzbare Bodenschätze in der Urgemeinschaft;
2. Angaben bezüglich der Entwicklung von Kenntnissen über nutzbare Bodenschätze in der Sklavenhaltergesellschaft;
3. Kenntnisse über nutzbare Bodenschätze im Feudalismus;
4. Entwicklung der Lagerstättenkunde im kapitalistischen Bulgarien;
5. Entwicklung der Lagerstättenkunde in der Volksrepublik Bulgarien.

Im Rahmen dieses Berichts sollen nur die ersten drei Zeitabschnitte behandelt werden.

I. Urgemeinschaft

Die ältesten festgestellten Spuren menschlicher Tätigkeit südlich der Donau gehören in das Mittlere Paläolithikum. Der Neandertaler verwendete vor allem Feuersteine für die Werkzeuge vom Mousterientyp. Den Kieselstein gewann er aus Konkretionen der Kreidekalksteine, die in Nordbulgarien vorkommen.

Aus dem Oberen Paläolithikum sind in verschiedenen Höhlen Nordbulgariens Feuersteinwerkzeuge der Seletkultur (osteuropäische Solutreenkultur) entdeckt worden.

Im Gebiet „Pobiti Kameni" hat man westlich von Warna eine der größten Ansiedelungen Europas aus dem Zeitabschnitt des Mesolithikums gefunden. Hier fand man runde und trapezförmige Schaber und andere aus Feuerstein angefertigte Mikrolithe.

Im Neolithikum verwendeten die Menschen dieses Gebiets Arbeitswerkzeuge, die aus Feuerstein und anderen Gesteinen angefertigt waren. Sie stellten aus Ton verschiedenes Geschirr her, das mit weißer und roter Ankoba bemalt wurde. Schleudersteine wurden gefunden. Solche Funde hat man in Höhlen und Hünengräbern gemacht.

Im (E- oder) Äneolithikum verwendeten die Menschen bereits Feuerstein, Andesit, Hornstein, Ton, roten Ocker, Cuprit, Azurit, Malachit, Kupfer, Gold u. a. Die aus diesen nutzbaren Bodenschätzen angefertigten Arbeitswerkzeuge, Schmuck- und Gebrauchsgegenstände wurden in Höhlen, Hünengräbern und Pfahlwohnbauten gefunden.

II. Sklavenhaltergesellschaft

Hierher gehört die mit dem Leben der Thraker zusammenhängende Bronzezeit (Ende) und Eisenzeit. Die Thraker gewannen bereits beträchtliche Mengen von Kupfer, Gold, Silber und Eisen. In dieser Hinsicht standen die thrakischen Stämme der Besser in den Westrhodopen an erster Stelle. Aller Wahrscheinlichkeit nach gewannen die Thraker bis zum VII. Jahrhundert vor unserer Zeitwende Eisen von oxidischen Erzen. Die Erze gewann man im Tagebauverfahren aus hydrothermalen Ganglagerstätten in den Stadtbezirken von Burgas, Etropole, Zlatica und Ciprovci sowie in den Gebieten Krajsce, Rhodopen, Rila und Strandza.

Vom I. bis IV. Jahrhundert vor unserer Zeitrechnung geriet die Balkanhalbinsel unter die Herrschaft der Römer. Mit Hilfe der Thraker nutzten sie die Erz- und Hüttenbetriebe oder verpachteten sie. Die Erzgewinnung und das Hüttenwesen standen in hohem Ansehen. Um Malko Tyrnovo herum wurde im Gebiet des Strandzagebirges ein alter Hüttenbetrieb für Kupfergewinnung entdeckt. Außer Kupfer wurde im Gebiet der Stadt Samokov und des Dorfes Laki, Kreis Blagojevgrad, eine Eisengewinnung aus alluvialen Magnetitsanden durchgeführt. Neben anderen Gesteinen machten sich die Römer vor allem die für den Bau strategischer Straßen, Städte und Festungen geeigneten Kalksteine in starkem Maße zunutze. Um die heißen Mineralquellen herum entstanden große Ansiedlungen mit massiven Wohn- und öffentlichen Gebäuden.

III. Feudalordnung

Zur Zeit des ersten bulgarischen Staates (680 bis 1014) hat man Erze zur Gewinnung von Kupfer, Silber, Gold und Eisen gefördert, aber über die Stellen ihrer Gewinnung fehlen genaue Angaben. Andererseits ist bekannt, daß die damals im Umkreis des Dorfes Madra und der Stadt Sumen anstehenden Kalk- und Sandsteine der Kreide zum Bau der Hauptstädte Pliska und Preßlav starke Verwendung fanden.

Während des zweiten bulgarischen Staates (1185 bis 1393) erlebten der Bergbau und das Hüttenwesen einen erheblichen Aufstieg, besonders in den Jahren von 1268 bis 1241, als Ivan Asen II. Kaiser war. Damals waren die Schächte Eigentum der Feudalherren. Mit der Eisengewinnung beschäftigten sich besondere Stände der Technitare. Ökonomische und kulturelle Verbindungen des Landes mit Venedig, Genua, Dubrovnik, Deutschland und Ungarn sowie Böhmen übten einen günstigen Einfluß auf den Bergbau aus. In dieser Beziehung spielten die in die Gebiete der Städte Ciprovci und Samokov übergesiedelten sächsischen Bergleute eine wichtige Rolle. Man nimmt an, daß sie die mit Wasser angetriebenen Eisenbearbeitungsanlagen einführten. Außer an Metallen (Gold, Silber, Kupfer, Blei und Eisen) hat man sich verschiedene Gesteine für die Bauindustrie, Tone für Keramik (Kunstkeramik von Tyrnov) sowie Mineralfarben (Bojanskmalerei — 1259) weitgehend zunutze gemacht.

Von 1393 bis 1878 befand sich der zweite bulgarische Staat unter osmanischer Herrschaft. Wirtschaft und Kultur des bulgarischen Volkes waren fast vernichtet. Nur einige den türkischen Eroberern unentbehrliche Bergbaubezirke (Samkov, Etropole, Ciprovci, Malyj Samokov u. a.) blieben vom Verfall unberührt. Die Bergbaubetriebe waren Eigentum türkischer Feudalherren. In ihnen arbeitete der privilegierte Stand der Technitaren. Damals wurden hauptsächlich Eisen, Gold und Silber gewonnen.

Im XV. und XVI. Jahrhundert eroberten die Türken einen Großteil Mitteleuropas. Die türkische Armee brauchte Metalle, vor allem Eisen. Deshalb wurden die Bergleute aus dem slowakischen Erzgebirge, dem Bezirk Sedmograd, Serbien und Slovenien umgesiedelt. Sie gaben den Anstoß zur Entwicklung des Bergbau- und Hüttenwesens für Gold, Silber, Blei und Eisen in den Bezirken der Alten Westplanina, Kraisca, Samokov. Aller Wahrscheinlichkeit nach führten diese Bergleute für die Eisengewinnung den Scirijskhüttenofen (Vidnja) ein. Eisen wurde aus alluvialen Magnetitsanden gewonnen. Zum Schluß der türkischen Sklaverei (zweite Hälfte des XIX. Jahrhunderts) geriet der Bergbau infolge der westeuropäischen Konkurrenz mit billigeren Metallen in eine Notlage.

Greene, J. C., USA

Die Anfänge der Entwicklung der Mineralogie in den Vereinigten Staaten

Patriotismus, wissenschaftliches Interesse und Hoffnung auf ökonomischen Gewinn wirkten zusammen, um das Interesse an der Mineralogie in der frühen Geschichte (1780 bis 1820) Amerikas zu wecken. Infolge des Fehlens einer starken Zentralregierung, die gewillt und fähig gewesen wäre, wissenschaftliche Forschungen zu unterstützen, wurden die Entdeckung und Beschreibung der Minerale der Vereinigten Staaten weitgehend privaten Einzelpersonen überlassen. Vier Personentypen spielten bei diesen Unternehmen eine wichtige Rolle: 1. Ärzte, 2. Chemieprofessoren an geisteswissenschaftlichen Fakultäten, 3. Privatwissenschaftler und 4. Einwanderer oder Gastwissenschaftler aus Europa.

Das Hauptkontingent der amerikanischen Mineralogen wurde von Ärzten gestellt, die während ihres Medizinstudiums im Ausland Geschmack an der Mineralogie gefunden hatten. Es waren insbesondere hervorragende Mineralogen in New York. Dort gründete Dr. Samuel Latham Mitchill eine mineralogische Gesellschaft, lehrte Mineralogie im Columbia College und im College of Physicians and Surgeons (College für Ärzte und Chirurgen), veröffentlichte mineralogische Aufsätze und Mitteilungen in seinem Medical Repository, sorgte für amerikanische Ausgaben europäischer Lehrbücher und machte die Gesellschaft zur Förderung der Nützlichen Künste (Society for the Promotion of Useful Arts) zu einer Einrichtung, die die Untersuchung der New Yorker Mineralvorkommen förderte. Dort veröffentlichte auch Dr. Archibald Bruce "The American Mineralogical Journal" („Amerikanische Mineralogische Zeitschrift") (1810 bis 1814). In Philadelphia waren die ersten Förderer der Mineralogie Ärzte, und zwar Dr. James Woodhouse, Adam Seybert und Dr. Benjamin Smith Barton. Seyberts Mineralsammlung wurde zum Grundstein der Sammlungen in der Akademie für Naturwissenschaften in Philadelphia. Im Gebiet von Boston wurde die Lehre der Mineralogie am Harvard College von Dr. Benjamin Waterhouse begonnen und von Dr. John Gorham fortgesetzt.

Obgleich man sich aber zuerst in den Medizinschulen für die Mineralogie interessierte, fand sie doch keinen dauernden Platz im Medizinlehrplan. Statt dessen begannen die geisteswissenschaftlichen Fakultäten, für Chemie und Mineralogie Raum zu schaffen. In dieser Entwicklung waren Prof. Benjamin Silliman in Yale und Prof. Parker Cleaveland im Bowdoin College in Maine von besonderer Bedeutung.

Diese Ärzte und Universitätsprofessoren erhielten in ihren Vorhaben wertvolle Unterstützung von einigen Privatgelehrten. Der bemerkenswerteste davon war Oberst George Gibbs aus Newport, Rhode Island, dessen prächtige, in Europa gekaufte Sammlungen später vom Yale College erworben wurden. Im Gebiet von Baltimore verdankt die Entwicklung von Geologie und Mineralogie viel Robert Gilmore jr., der wie Gibbs der Sohn eines wohlhabenden Kaufmanns war, ein eifriger Mineralsammler und Freund hervorragender europäischer Mineralogen. Stephen Elliott spielte eine ähnliche Rolle in Charleston, South Carolina, wie auch Zacchaeus Collins in Philadelphia, Stephen van Rensselaer in New York und Benjamin Vaugham in Maine.

Unter den bedeutendsten europäischen Mineralogen, die sich in Amerika ansiedelten, waren Gerard Troost, Silvain Godon und Dr. William Meade. Troost kam 1810 direkt von seinem Studium bei Abbé Haüy nach Philadelphia und führte das kristallographische Verfahren zur Mineraluntersuchung an der Akademie für Naturwissenschaften ein, deren erster Präsident er war. Zur gleichen Zeit brachte Silvain Godon, ein Pariser Mineraloge, die Sammlungen der Amerikanischen Philosophischen Gesellschaft in Ordnung und hielt öffentliche Vorlesungen über Mineralogie. Eine ähnliche Rolle spielte Dr. William Meade in New York.

So waren die Anfänge der Mineralogie in den Vereinigten Staaten das Ergebnis der vereinten Anstrengungen von Einzelpersönlichkeiten verschiedenster Art, von denen die meisten in erster Linie von der Liebe zur Wissenschaft und dem patriotischen Wunsch getrieben waren, der Welt über den Mineralreichtum der amerikanischen Republik zu berichten. Mit der Veröffentlichung von "Cleavelands Elementary Treatise on Mineralogy and Geology" (1816), der Gründung des "American Journal of Science" (1818), des "Journal of the Academy of Natural Sciences of Philadelphia" (1817) sowie der Aufnahme der Mineralogie in den studentischen Studienplan in Yale war die mineralogische Wissenschaft in den Vereinigten Staaten fest verankert.

Guntau, M., DDR

Kriterien für die Herausbildung der Lagerstättenlehre als Wissenschaft im 19. Jahrhundert

Die Lagerstättenlehre umfaßt geologische Erkenntnisse und Methoden, die für Suche, Erkundung und Abbau nutzbarer Bodenschätze von Bedeutung sind. Als relativ selbständige geologische Wissenschaft entstand sie im Zusammenhang mit der industriellen Revolution, obwohl geologische Erkenntnisse über Lagerstättenprobleme bis in die Anfänge der Geschichte der Geologie zurückreichen.

Für die Beurteilung der Selbständigkeit der Lagerstättenlehre gegenüber anderen geologischen Wissenschaften sind folgende Elemente von Bedeutung:

1. die Erkenntnis ihres Gegenstands;
2. die Systematik des Wissenschaftsinhalts;
3. die Entwicklung spezifischer Methoden;
4. die Herausbildung spezifischer Institutionen.

Zur Entwicklung der genannten Elemente trugen in der Wissenschaftsgeschichte Geologen in Sachsen und Thüringen wesentliche Erkenntnisse bei. Um das Jahr 1500 gab RÜLEIN VON CALW die erste Schrift zur Lagerstättenlehre heraus. G. AGRICOLA gab der Lagerstättenerkenntnis wesentliche Grundlagen. Über A. G. WERNER reicht die Tradition zu B. VON COTTA, der das erste Lehrbuch der Lagerstättenlehre in deutscher Sprache herausgab.

Abgeleitet aus gesellschaftlichen Zielsetzungen wird im 19. Jahrhundert der Gegenstand der Lagerstättenlehre definiert. Der Wissenschaftsinhalt ist so umfangreich geworden, daß sich Systematisierungen nach unterschiedlichen Kriterien ergeben. Es entwickeln sich verschiedene Methodensysteme, vor allem für die Suche von Lagerstätten. Lagerstättengeologische Zeitschriften, Lehrbücher und Forschungseinrichtungen entstehen als Ausdruck einer verselbständigten Disziplin im Bereich der geologischen Wissenschaften.

HARAŃCZYK, C., VR Polen

Die Entwicklung der Hypothesen über den Ursprung der Schlesisch-Krakauer Zn-Pb-Lagerstätten

Die Schlesisch-Krakauer Erzlagerstätten gehören zu einer Gruppe von Zn-Pb-Lagerstätten, deren Genese unklar und umstritten ist. Wahrscheinlich begann der Abbau schon in prähistorischer Zeit. Erste historische Erwähnung der Lagerstätten findet man in der Bulle Papst INNOZENZ' II., 1136. Viele neue Gedanken oder Hypothesen von allgemeiner Bedeutung beruhten auf den in diesem Gebiet beobachteten geologischen Erscheinungen. Im Mittelalter akzeptierte man die Theorie des ARISTOTELES über den außerirdischen Ursprung der Metalle und die Vorstellungen von einem Feuerherd in der Erdmitte. Ihnen folgten Gedanken von A. G. WERNER und gegensätzliche Auffassungen von J. HUTTON, L. v. BUCH und anderen. Entwicklung und Absage von der neptunistischen Theorie von der Erde bekräftigten die Hypothesen von der genetischen Entwicklung und hielten sich hier viel länger als in dem Gebiet, wo sie entstanden; und noch heute bewirken sie neue Auffassungen von der Genese.

Unter den Neptunisten, die zur Erschließung der Lagerstätten beitrugen, sind S. BORKOWSKI, J. F. CAROSSI, K. KLUK, S. STASZIC, F. BERNARDI, G. GÜRICH, K. KEIL und H. GRUSZCZYK zu erwähnen. Die Auffassungen der Plutonisten wurde von fast allen Wissenschaftlern, die die erwähnten Lagerstätten untersuchten, akzeptiert. Eine Hypothese über hydrothermale Entstehung wurde von J. B. PUSCH, K. v. NIDDA, C. BISCHOF, K. BOHDANOWICZ, R. BECK, F. BARTONEC, K. KOSMANN, F. BEYSCHLAG, P. KRUSCH, S. CZARNECKI, W. ZUKROWSKI, F. DUWENSEE, F. WERNICKE, W. BOBROWSKI, M. KWASNIEWICZ und kürzlich von S. SIEDLECKI, S. ŚLIWIŃSKI, T. GAŁKIEWICZ und dem Autor entwickelt. Vergleichende Hypothesen wurden von M. WEBSKY, P. RUNGE, R. CARNAL, R. STAPPENBECK, F. SEIDL und F. EKIERT erarbeitet. Es ist zu betonen, daß die besprochenen Erzlagerstätten nicht in die Klassifikation LINDGRENs und anderer fallen. Die Hypothese von regenerierten Erzlagerstätten wurde von H. SCHNEIDERHÖHN zur Geltung gebracht, um u. a. auch den Ursprung der Erzlagerstätten der Schlesisch-Krakauer Art zu erläutern und die Lücke in den bestehenden Klassifikationen zu schließen. In letzter Zeit wurden sie als Erzlagerstätten einer regenerierten Plattform oder als komagmatisch mit alkali-basischen Gesteinen betrachtet. Die Schlesisch-Krakauer Erzlagerstätten standen bei Diskussionen immer im Mittelpunkt des Interesses: Syngenese gegen Epigenese. Darüber hinaus waren hier kürzlich in die Lagerstättenkunde eingeführte Untersuchungen der Isotopenzusammensetzung der Blei- und Schwefelerze besonders erfolgreich und gaben viele neue wichtige Daten über die zeitliche und örtliche Herkunft von Metallen. Das gleichzeitige Auftreten anomalen positiven Bleis vom Bleibergtyp, das älter ist als das Nebengestein, und anomalen negativen Bleis vom Olkusztyp, das an radiogenen Isotopen sehr arm ist, rechtfertigt wiederum eine Revision der Hypothesen über eine genetische Entwicklung hinsichtlich des Ursprungs der Schlesisch-Krakauer Zn–Pb-Lagerstätten.

JERMAKOW, N. P., I. W. BOGOJAWLENSKAJA & F. P. MELNIKOW, UdSSR

Geschichte der Nutzung von Einschlüssen mineralbildender Medien in der Entwicklung der Theorie endogener Erzbildung

1. Die Entwicklung der Theorie der endogenen Erzbildung seit dem XVI. Jahrhundert (G. BAUER 1546) zeigt, daß die ununterbrochenen Diskussionen über die Genese der Bodenschätze häufig damit zusammenhingen, daß die auf diesem Gebiet arbeitenden Wissenschaftler in ihren Konzeptionen nur die geologischen Situationen des Vorkommens der Erze und ihrer Mineralparagenesen berücksichtigten. Gegenwärtig ist zur Schaffung einer wissenschaftlichen Theorie über die Bildung tiefer Lagerstätten metallischer und nichtmetallischer Bodenschätze die Kenntnis physikalisch-chemischer Bedingungen der Abscheidung der Erzsubstanz und der Evolutionsbesonderheiten mineralbildender postmagmatischer Lösungen von großer Wichtigkeit. Einer der Perspektivwege zur Erkenntnis thermodynamischer Parameter der endogenen Mineralbildung ist die Nutzung der durch Anwendung vielfältiger Methoden bei der Untersuchung von Einschlüssen mineralbildender Lösungen gewonnenen Informationen.

2. In der Entwicklung von Theorien und Methoden zur Erforschung von Einschlüssen unterscheiden wir vier Perioden. Die im Verlauf einer jeden dieser Perioden gewonnenen Daten waren für die fortschreitende Entwicklung der Ideen und Vorstellungen über die Genese der Minerale und Erze von wesentlichem Wert.

3. Erste Periode — vom XI. bis Mitte des XIX. Jahrhunderts. Auf der Grundlage früherer theoretischer Verallgemeinerungen auf dem Gebiet der bergbaulichen Kenntnisse unternahm man erste Versuche, die Bildungen von Mineralen aus wäßrigen Lösungen durch die in ihnen enthaltenen, makroskopisch sichtbaren Flüssigkeitseinschlüsse zu erklären (A. BIRUNI 1048; Neptunisten XVIII. Jahrhundert).

4. Zweite Periode — von Mitte des XIX. Jahrhunderts bis zwanziger Jahre des XX. Jahrhunderts. Der englische Naturforscher G. SORBY (1858) erkannte verschiedenartige Einschlüsse mineralbildender Medien. Seine Arbeiten legten den Grundstein zur Nutzbarmachung der Einschlüsse in der geologischen Thermobarometrie und zur Bestimmung der chemischen Zusammensetzung erzbildender Lösungen. G. SORBYs Konzeption wurde von G. VOGELSANG (1867), F. ZIRKEL (1870), A. P. KARPINSKIJ (1880) u. a. unterstützt und weiterentwickelt. Aber infolge der sehr schwachen Experimentaltechnik des XIX. Jahrhunderts und dadurch, daß man den Bildungsmechanismus der Einschlüsse nur unvollkommen verstand, war es nicht möglich, eine Reihe von herangereiften Problemen zu lösen und die breiten Nutzungsmöglichkeiten der Untersuchungsergebnisse für die Entwicklung der Theorie der endogenen Erzbildung zu erkennen. Die Leistungen dieser Wissenschaftler blieben sogar von großen Historikern der Wissenschaft fast unbemerkt (T. KRUK 1933).

5. Die dritte Periode — von den zwanziger bis vierziger Jahren des XX. Jahrhunderts — ist die Vorbereitungsperiode zur breiten, modernen Untersuchung der Einschlüsse. In dieser Periode ist von R. NACKEN (1924), G. LEMMLEIN (1929), N. I. CHITAROW (1937), E. INGERSON (1947) und N. P. JERMAKOW (1943 bis 1948) die Nutzungsmöglichkeit der Einschlüsse zur Bestimmung thermodynamischer Bedingungen der Mineralbildung von den strengen Positionen der physikalischen Chemie bewiesen worden.

6. Mitte des XX. Jahrhunderts ist eine Aktivierung der Untersuchungen von Einschlüssen mineralbildender Medien zu beobachten, die durch den objektiven Entwicklungsverlauf der modernen geologischen Wissenschaften in bezug auf den geochemischen Zyklus hervorgerufen wurde, der

eine quantitative Einschätzung der physikalisch-chemischen Parameter der Tiefenerzbildung und ihrer Änderung in Raum und Zeit notwendig machte. Die Wissenschaftler N. P. JERMAKOW, E. RODDER, J. A. DOLGOW, G. DEJSCH, M. SAWUL, W. POMYRLJAN, T. MIJASAW, C. IMAI u. a. haben in der Entwicklung moderner Vorstellungen über Einschlüsse mineralbildender Medien große Verdienste.

Im Zusammenhang mit der Entwicklung einer neuen Technik und Methodik thermodynamischer Untersuchungen der Systeme solcher Einschlüsse und der Analyse ihrer Zusammensetzung sind Minerale aus Erzen unterschiedlicher Klassen und Typen endogener Lagerstätten untersucht worden. Dieser Vorgang erlaubte, in einer ganzen Reihe wichtiger erzgenetischer Fragen zusätzliche diagnostische Anzeichen zu erkennen. Dazu gehören: Unterschiede in den Aggregatzuständen mineralbildender Lösungen, unterschiedliche thermodynamische Niveaus ihrer Wirkungen, das Auftreten von Etappen und Stadien der Erzbildung u. a. Zur Entdeckung von Zusammenhängen zwischen Intrusionen einer bestimmten Zusammensetzung und postmagmatischen Lagerstätten deuteten sich objektive Möglichkeiten an. Auch zum Aufsuchen verdeckter Erzkörper zeigten sich einige neue Möglichkeiten.

7. Die innerhalb von Einschlüssen bei veränderten Temperaturen vor sich gehenden physikalisch-chemischen Prozesse wurden auf einen Filmstreifen aufgenommen, der am Schluß des Vortrags vorgeführt wurde.

KOTLJAR, W. N., S. S. MKRTTSCHJAN & E. G. MALCHASJAN, UdSSR

Entwicklungsgeschichte der genetischen Theorien über Kupferkiesellagerstätten

1. Das Problem der Genese von Kieslagerstätten erregte über viele Jahrzehnte die Aufmerksamkeit der Forscher, wobei die verschiedenartigsten Vorstellungen einer magmatischen, sedimentären und hydrothermalen Herkunft auftraten.

2. Die anfänglichen Vorstellungen stützten sich hauptsächlich auf das Beispiel der Lagerstätte von Rio Tinto in Spanien, die schon im 2. Jahrtausend vor unserer Zeitrechnung abgebaut wurde, sowie auf die Lagerstätte Rammelsberg u. a.

Auf Grund der konkordanten Lagerung von Kieskörper und Nebengestein zählten die deutschen Forscher des vergangenen Jahrhunderts RÖMER, KLOCKMANN, STELZNER, später auch WETZIG, diese Lagerstätten zu den sedimentären Bildungen.

3. Andere Vorstellungen sind Ende des vergangenen Jahrhunderts bei GONZALO Y TARIN (1886), DELAUNAY und I. VOIGT zu finden, die für eine magmatische Genese und nach I. VOIGT für eine intrusive Genese eintraten. Diese Ansichten herrschten bis zum Internationalen Geologenkongreß in Spanien 1925. N. I. SWITALSKIJ leitete 1933 diese Lagerstätten von Restmagmen ab.

4. Nach dem Geologenkongreß in Spanien kam EMMONS am Beispiel der von ihm untersuchten Lagerstätten von Rio Tinto zu der Schlußfolgerung über ihren hydrothermalen Ursprung in Verbindung mit intrusivem Magmatismus. Diese Vorstellungen entsprachen dem Wissensstand über postmagmatische Prozesse und waren vorherrschend bis zum Beginn der vierziger Jahre unseres Jahrhunderts (BATEMAN 1934, SCHNEIDERHÖHN 1940).

5. Die neuen Ansichten über die Genese der Kieslagerstätten in Verbindung mit der Entstehung der sie umgebenden Spilit-Keratophyrformationen wurden von dem Akademiemitglied A. N. SAWARICKIJ und seinen nächsten Mitarbeitern S. N. IWANOW, W. P. LOGINOW, W. M. SERGIEWSKIJ u. a. erarbeitet. Die sich daraufhin in der UdSSR anbahnende Diskussion (1950 bis 1952) führte jedoch nicht zur Anerkennung dieser Ansichten, da eine Reihe vulkanologischer und erzgeologischer Probleme noch ungenügend erarbeitet waren.

6. Diese Gedanken wurden 1960 bis 1963 auf einem neuen, höheren Wissensstand auf dem Gebiet der Vulkanologie und der Untersuchungen der Wechselwirkung Magmatismus—Vererzung wiederaufgenommen.

Die Anwendung der Formationsanalyse auf die Untersuchung magmatischer Bildungen und das Auftreten einer breiten und vielfältigen Erzhöffigkeit der vulkanogenen Formationen zahlreicher Lagerstätten, die in alten vulkanischen Massiven oder in deren Nähe liegen, führten dazu, daß neben plutogenen Lagerstätten, die durch intrusive Komplexe bedingt sind, auch vulkanogene Lagerstätten festgestellt wurden, die eng mit vulkanotektonischen, subvulkanischen und extrusiv-effusiven Komplexen (W. N. KOTLJAR, A. J. SEMENOW, G. N. SCHTSCHERBA u. a.) verbunden sind.

Zur großen Zahl vulkanogen-hydrothermaler Lagerstätten, die sich durch ihre geologischen und genetischen Besonderheiten auszeichnen, zählen die meisten Wissenschaftler auch die Kieslagerstätten.

7. Fast gleichzeitig erhielt man Daten über die vulkanogen-sedimentäre Entstehung vieler Kieslagerstätten nicht nur der vom Typ Rammelsberg und Meggen, sondern auch der Lagerstätten des Nordkaukasus (W. J. SMIRNOW, I. J. GONTSCHAROWA, N. S. SKRIPTSCHENKO u. a.), des Kleinen Kaukasus (M. A. KASKAJ, N. W. KOTLJAR, G. A. TWALTSCHRELITSE u. a.), des Urals (U. KOWALEW, E. K. LAZARENKO, I. W. LENNYCH u. a.), Schwedens (OFTEDAHL), Japans (T. WATANABE), der USA (A. KLINKEL u. a.).

W. J. SMIRNOW wies auf die enge Verbindung zwischen den eigentlichen vulkanogenen und den vulkanogen-sedimentären Lagerstätten hin. In der gegenwärtigen Zeit haben diese Theorien über die Genese der Kieslagerstätten in der UdSSR und in anderen Ländern Anerkennung gefunden. Die meisten Wissenschaftler der Sowjetunion und anderer Länder Osteuropas, die sich mit der Untersuchung von Kieslagerstätten beschäftigen (M. M. BORODAJEWSKAJA, PROKIN, TSCHERWJAKOWSKIJ, G. F. JAKOWLEW u. a.), betrachten sie unter dem Aspekt der vulkanogenen Erzbildung.

8. In Armenien, wo sich die Kieslagerstätten durch gewisse Besonderheiten auszeichnen (Ausbildung der Erzgänge, Verbindung mit anderen Metallen u. a.), gibt es zur Frage der Genese von Kieslagerstätten unterschiedliche Meinungen.

Die Verknüpfung von Kieslagerstätten mit den vulkanogenen jurassischen und kretazischen Formationen gibt eine gewisse Begründung für ihre vulkanogen-sedimentäre Genese. Andererseits geben die enge räumliche Verbindung der Vererzung mit Ausbissen granitoider Intrusionen, die die vulkanogenen Schichten durchbrechen, das Fehlen einer Vererzung in den vulkanogenen Gesteinen, die entfernt von den intrusiven Massiven liegen, und das Vorhandensein der Vererzung in diesen Massiven in Fortsetzung der Strukturen, die die Vererzung in den vulkanogenen Schichten kontrollieren, eine Begründung für ihre Verbindung mit magmatischen Herden, aus denen die granitoiden Intrusionen stammen. Deshalb kann am Beispiel der Lagerstätten Armeniens die Frage über die Genese der Kieslagerstätten als noch nicht endgültig gelöst betrachtet werden.

Die Kompliziertheit und Vielfalt des Auftretens von Kieslagerstätten schließen eine mögliche Anwendung gleicher Theorien über ihre Genese aus. In jedem Fall müssen die geologischen Besonderheiten ihres Vorkommens berücksichtigt werden.

MKRTTSCHJAN, K. A., & S. E. GOGINJAN, UdSSR

Hauptetappen und -richtungen des Berg- und Hüttenwesens in Armenien

1. Als Wissensquellen über das alte Berg- und Hüttenwesen Armeniens dienen zahlreiche alte Lagerstättenabbaue und Siedlungsreste, wo eine Erzaufbereitung erfolgte. Beim Studium armenischer Handschriften aus dem Mittelalter und Schriftstücken aus den Ländern des alten Ostens konnten wertvolle Angaben gewonnen werden.

2. Eine wissenschaftliche Periodisierung des alten Berg- und Hüttenwesens in Armenien ist bisher nicht erarbeitet worden. Gegenwärtig ist es nur möglich, die Hauptentwicklungsetappen unter Berücksichtigung der allgemeinen historisch-archäologischen Periodisierung zu umreißen.

3. Die älteste Epoche — sie umfaßt den Zeitabschnitt vom VIII.—VII. bis III. Jahrtausend v. u. Z. — ist wegen Fehlens

entsprechender Angaben nicht weiter untergliederbar. Diese Epoche ist gekennzeichnet durch den Beginn der Kupfergewinnung (Ergeni-Madan, V. Jahrtausend v. u. Z.; Techut, V. Jahrtausend v. u. Z., u. a.).

4. Im III. bis II. Jahrtausend v. u. Z. wurde in solchen großen Zentren wie Schengawit, Dshraowit, Mecamor, Garni, Arewik u. a. Kupfer-Bronze gewonnen. Überliefert sind Angaben über die Gewinnung und Nutzung von Zinnbronze (Kassiterit aus Mecamor), Arsen-, Blei- und Zinkbronze, über die Gewinnung und Verarbeitung von Golderzen (Lagerstätte Zodsk), Achat, verschiedenen Jaspisen, Salzen und über die Verwendung phosphorhaltiger Karbonatflußmittel im Schmelzprozeß mit einem originellen Anreicherungssystem (Mecamor). Das Hüttenwesen dieses Zeitabschnitts ist zum ersten Male durch schriftliche Überlieferungen belegt.

5. Die Gewinnung von Eisen begann etwa in der Mitte des II. Jahrtausends v. u. Z. und entwickelte sich erfolgreich bis zum VI. bis V. Jahrhundert v. u. Z. Anfangs leitete man den Beginn der Eisengewinnung aus der Analyse archäologischer Funde benachbarter Länder des alten Ostens ab. In den letzten Jahren ist aber direktes Belegmaterial gefunden worden (Lcasen, Agarcin). In dieser Epoche wurde parallel zur Eisengewinnung im großen Umfang die Kupfer-Bronzegewinnung vervollkommnet und erfuhr eine tiefgründige Spezialisierung; erschmolzen wurden auch Glas, Glasuren, verschiedene Pasten, Gold, Mangan und Farben.

6. Die antike Zeit ist charakterisiert durch den Reichtum an schriftlichen und archäologischen Angaben über die Gewinnung und Verhüttung der obenerwähnten Metalle und Nichterze.

7. Aus dem Mittelalter sind nach armenischen Quellen detaillierte Angaben über den Abbau verschiedener Lagerstätten, über die hüttenmännische Verarbeitung, über die Gesetzgebung und über den Transithandel erhalten geblieben.

NAREBSKI, W., VR Polen

Über die Entwicklung der Vorstellungen vom Ursprung der Toneisensteine in Polen

Während der 25 Jahrhunderte Eisenerzbergbau in Polen bildeten die mesozoischen Eisensteine den hauptsächlichen Rohstoff. Sie wurden zuerst im sogenannten „Altpolnischen Erzbecken" der Góry Świętokrzyskie und später seit dem 18. Jahrhundert im Gebiet von Częstochowa und in den Flyschkarpathen abgebaut. Gegenwärtig werden sie nur im Gebiet von Częstochowa und in der kürzlich erschlossenen Lagerstätte von Łęczyca gefördert.

Die moderne eingehende genetische Untersuchung dieser Erze durch polnische Geologen wurde 1920 durch W. PAWLICA und J. MOROZEWICZ eingeführt, die als erste irgendwelche direkte Ausfällung von Eisenkarbonat aus Wasser zur Bildung regulärer Zwischenlager in pelitischen Seebodensedimenten ausschlossen. MOROZEWICZ nahm die Zersetzung organischer Bestandteile wie auch Diffusions- und Absorptionsprozesse als die Hauptfaktoren für die Entstehung von Sideriten an. Diese Vorstellungen wurden durch einen anderen Erforscher der Toneisensteine der Góry Świętokrzyskie (unterer Jura) — R. KRAJEWSKI (1947) — modifiziert, der dem klimatischen Faktor größere Aufmerksamkeit zuwandte.

Die marinen oolithischen Toneisensteine des mittleren Juras im Gebiete von Częstochowa wurden zuerst von B. REHBINDER (1913) und dann eingehender von J. JASKÓLSKI (1927) und die aus dem Raume Opoczno durch KUŹNIAR (1928) untersucht. Die Umwandlung der Oolithe und Bildung des Siderits wurden von JASKÓLSKI der Halmyrolyse, der syngenetischen Metasomatose und der Wirkung absinkender CO_2-haltiger Wässer, von KUŹNIAR jedoch ausgedehnten diagenetischen Prozessen zugeschrieben.

Die wesentliche Rolle früher Diagenese bei der Bildung kohlensaurer Erze in Tonsedimenten, die CORRENS (1942), ILLIES (1949), STRAKHOW (1953) und WEEKS (1953) untersuchten, wurde durch W. NARĘBSKIS (1956, 1957) geochemische und mineralogische Studien an siderithaltigen schiefertonigen Flyschlagerstätten der Karpathen nachgewiesen.

Einige wichtige Angaben über paläographische Entstehungsbedingungen der marinen sideritischen Kalksteinlager von Łęczyca (mittlerer Jura) erfolgten durch J. ZNOSKO (1957). Das Vorkommen und der Ursprung kleiner Sphaleritgänge in Sphärosideriten (Kugeleisenstein) dieser Lagerstätte wurden von J. WOJOIECHOWSKI und J. ZIEMEK (1968) abgehandelt.

PRESCHER, H., DDR

Die Bedeutung von Georgius Agricola (1494 bis 1555) für die Geschichte der Lagerstättenforschung

1. Im Rahmen seiner grundlegenden Arbeiten zur Mineralogie und Geologie, die in den Jahren 1544 bis 1546 zum Abschluß kamen, vollendete er am 7. März 1546 das Werk „De veteribus et novis metallis" („Erzlagerstätten und Erzbergbau in alter und neuer Zeit").

2. Der Inhalt der beiden Bücher (= Kapitel) umfaßt einmal die Geschichte der Bergwerke. In welchen Ländern es sehr alte Bergwerke gab, welche die ergiebigsten davon waren und welche zu AGRICOLAS Zeit die reichsten waren, schildert er im ersten Buch. Im zweiten Buch werden nach einem geographisch-historischen Ordnungsprinzip die Erzlagerstätten Europas, Asiens und Afrikas in der Antike und in der — damaligen — Neuzeit behandelt.

3. Dieses Werk ist einmal Grundlage für die Bergbaugeschichte geworden. In ihm sind Statistik und Kurzbericht — bis auf den heutigen Tag — charakteristisch geworden. AGRICOLA hat damit die Bergbaugeschichte begründet.

4. Dieses Werk ist andererseits Grundlage für die Erzlagerstättenkunde geworden. Die im Buch II dargebotene Einteilung des Stoffs nach Metallart und Metallvorkommen stellt ein lagerstättenkundliches Prinzip dar. Erstmalig werden Edelmetallprovinzen erkannt. Er faßte seine Aufgabe dahingehend auf, das Vorkommen eines Elements in seiner gesamten mineralogischen Vielfalt darzustellen. Darüber hinaus werden die anderen Erze, die keine Elemente darstellen, wie Silbererze, Zinnober, Kupferkies usw., aber dem Element zugefügt, um das nutzbringende Metall zu kennzeichnen. Auch hier kommt die statistische Methode zur Anwendung (wir würden sie heute in Tabellenform bringen), aber ebenso ist zu bemerken, daß dabei nur Tatsachen sprechen. Die im Buch I angewandte Methode, durch Fabeln, Erzählungen, Anekdoten etc. den Stoff zu erläutern, fehlt hier fast völlig, und wo sie vorhanden ist, besitzt sie historische Berechtigung.

5. Im Hinblick auf Buch II des Werkes „De veteribus et novis metallis" und auf Buch VIII von „De natura fossilium" („Die Minerale") ist festzustellen, daß hier ein geniales Erstlingswerk auf dem Gebiet der modernen Erzlagerstättenkunde vorhanden ist, das ohne Vorläufer und lange Zeit auch ohne Nachfolger war.

RADKEWITSCH, E. A., & R. O. RADKEWITSCH, UdSSR

Einige Entwicklungstendenzen und Gesetzmäßigkeiten der Erzlagerstättenkunde

1. Die Lehre von den Erzlagerstätten, die aus der Praxis des Erzbergbaus hervorging, ist eine der ältesten Zweige der geologischen Wissenschaften, von der sich im Laufe der Entwicklung andere geologische Disziplinen abspalteten. In allen Entwicklungsetappen war die Erzlagerstättenlehre auf die Lösung praktischer Aufgaben und damit auf die Entwicklung von Produktivkräften, d. h. auf die Entwicklung der Wirtschaft, gerichtet.

2. Die Wissenschaft von den Erzlagerstätten entwickelte sich unregelmäßig. Die Aufstiegsperioden waren mit den anhaltenden Blütezeiten der Bergbauindustrie verknüpft, die auch zur Blüte der wissenschaftlichen Hochschulen führten (Bergakademie Freiberg, Bergbau-Institut Petersburg u. a.). Zugleich übten die Entdeckungen in benachbarten Wissenschaften (Entwicklung des Mikroskops, die Entdeckung der Radioaktivität und in den letzten Jahrzehnten die Einführung von Methoden der Geochemie, Geophysik, Physik u. a.) einen wichtigen Einfluß aus. Internationale wissenschaftliche Verbindungen spielten bei der Entwicklung wissenschaftlicher Vorstellungen ebenfalls eine wichtige Rolle. Der Einfluß der Werke von G. AGRICOLA, M. W. LO-

MONOSSOW, A. G. WERNER, L. ELI DE BEAUMONT, B. v. COTTA, F. POSHEPNYJ, A. STELZNER, W. LINDGREEN, V. EMMONS u. a. und die rasche Verbreitung neuer Ideen führten zur Annahme neuer Hypothesen und ihrer internationalen Verbreitung.

3. Die komplizierte Natur der Erzlagerstätten, die sich unter dem Einfluß verschiedener Faktoren bildeten, wobei manchmal trotz unterschiedlicher Voraussetzungen äußerlich ähnliche Bildungen entstanden (Konvergenz) und zum anderen unter vergleichbaren Voraussetzungen abweichende äußere Anzeichen wahrzunehmen waren (Divergenz), diente als Ursache dafür, daß Hypothesen entstanden, die sich gegenseitig ausschlossen (neptunistische, magmatische, lateral-sekretionäre und verschiedene Varianten einer Hydrothermaltheorie). Im Kampf entgegengesetzter Meinungen bildeten sich wertvolle neue Erkenntnisse. Die Zeiten heftiger Diskussionen gaben den Anreiz zum Sammeln des Tatsachenmaterials. Die größte Annäherung an die Wirklichkeit fand in den Zeitabschnitten statt, die man heute als „Geburtszeit" der sich versöhnenden Hypothesen bezeichnen kann. Das sind Hypothesen, die die ganze Vielfältigkeit der Naturerscheinungen und die Möglichkeiten unterschiedlicher Entstehung äußerlich ähnlicher Lagerstätten (D. I. SOKOLOW, B. v. COTTA, L. DE LONE, V. LINDGREEN, Lehre der letzten Jahrzehnte) berücksichtigen und in die Ideen von W. I. SMIRNOW, G. A. POSPELOW über die Konvergenz eingeflossen sind.

4. Die Rückkehr zu früheren Vorstellungen ist gewöhnlich keine einfache Wiederholung, sondern führt zu einem neueren Stand der erkenntnisrealen Diskussion über den Einfluß der Tiefe (Ideen von L. DE LONE und F. POSHEPNYJ). Zugleich bieten Verallgemeinerungen der Geochemie und Isotopenchemie zur Lösung des Problems der Quelle heterogener Stoffe (sowohl Kruste als auch Mantel) eine feste Basis. Auch Daten der Kosmochemie können auf die Natur der erzbildenden Vorgänge neues Licht werfen. Immer mehr kommt es zur Einführung von mathematischen Methoden, die es ermöglichen, die Naturprozesse von der Qualitätsseite zu analysieren. Wichtig für den Aufbau verallgemeinernder Hypothesen sind auch die philosophische Einstellung und die Nutzung von Gesetzen der Logik (darunter der mathematischen) in der Begriffsbestimmung (der Aufbau rezenter Klassifikationen). Große Bedeutung dabei haben auch die Untersuchungen der Geschichte der wissenschaftlichen Vorstellungen, deren Rekonstruktion schwierig, aber nicht selten der richtungweisende Weg der Entwicklung der wissenschaftlichen Erkenntnis auf dem Gebiet der Erzlagerstättenlehre ist.

SCHTSCHERBINA, W. W., & W. I. GERASIMOWSKIJ, UdSSR

W. I. Wernadskijs Beitrag zur Untersuchung von Lagerstätten mineralischer Rohstoffe

1. W. I. WERNADSKIJ war einer der Begründer der Geochemie, ein echter Kämpfer für den wissenschaftlichen Fortschritt und dessen Einführung in die Praxis der Landes. Nach der Kriegserklärung von 1914 stand Rußland vor dem schweren Problem eines Mangels an dringend benötigten strategischen und industriellen Rohstoffen. W. I. WERNADSKIJ erreichte an der Akademie der Wissenschaften die Gründung einer Kommission zur Erforschung natürlicher Produktionskräfte (KEPK), er zog ein großes Kollektiv von Gelehrten und Ingenieuren zur Suche nach Lagerstätten mineralischer Rohstoffe und zur Anfertigung von Monographien über die Verteilung seltener und anderer Elemente heran. Als Folge der von der Kommission durchgeführten Arbeiten wurde mit der Gewinnung von Bor, Aluminium, Wismut und anderen Elementen begonnen.

2. Neben der Organisationstätigkeit publizierte W. I. WERNADSKIJ (1908 bis 1916) die Untersuchungsergebnisse über das Vorkommen einer großen Zahl seltener Elemente (Skandium, Cäsium, Thallium, Rubidium, Indium, Selen, Tellur und Wismut) in der Natur. Diese Untersuchungen dienten später als Grundlage einer systematischen Erforschung der Geochemie seltener Elemente auf dem Territorium der Sowjetunion.

3. Besonders großes Verdienst gebührt W. I. WERNADSKIJ bei der Erforschung radioaktiver Elemente. Einige Jahrzehnte vor anderen Forschern sagte er der Menschheit großartige Perspektiven bei der Nutzbarmachung der Atomenergie voraus. Bereits 1910 sagte er: „Jetzt öffnen sich vor uns in den Radioaktivitätserscheinungen Quellen der Atomenergie, die alle jene Kraftquellen, die der menschlichen Phantasie vorschwebten, um das Millionenfache übertreffen." 1910 veröffentlichte er die Arbeit „Über die Notwendigkeit einer Untersuchung radioaktiver Mineralien des Russischen Reiches". In einer im Dezember 1910 auf einer Jahresversammlung der Akademie der Wissenschaften gehaltenen Ansprache richtete er die Aufmerksamkeit auch darauf: „Vor uns liegt eine Arbeit von größter allgemein menschlicher und staatlicher Wichtigkeit — die Erforschung von Eigenschaften und Vorräten radioaktiver Mineralien des Russischen Reiches. Sie kann und darf nicht länger aufgeschoben werden." Auf Anregung von W. I. WERNADSKIJ wurde eine spezielle Radiumexpedition ins Leben gerufen, die im Sommer 1911 mit Untersuchungen von Lagerstätten radioaktiver Elemente begann.

In seinem Buch „Grundriß der Geochemie", das zum ersten Mal 1924 in französischer Sprache erschien, ist die Geochemie radioaktiver Elemente im Abschnitt „Radioaktive chemische Elemente der Uran-, Thorium- und Aktinouranreihen in der Erdkruste" erstmalig sehr ausführlich behandelt worden. Zwei von W. I. WERNADSKIJ aufgestellte Leitsätze verdienen ein besonderes Interesse: der erste über die Formen des Auftretens von Uran in der Erdkruste und die damit zusammenhängende Frage über den Ursprung abbauwürdiger Uranlagerstätten; der zweite über die Rolle der organischen Substanz bei der Urankonzentration in Sedimentgesteinen.

4. W. I. WERNADSKIJ ist der Begründer der Radiogeologie, einschließlich des Problems der absoluten Altersdatierung geologischer Vorgänge in der Erdkruste. Im „Grundriß der Geochemie" gibt es im Kapitel „Kohlenstoff und lebende Substanz in der Erdkruste" auch einen speziellen Abschnitt über das Erdöl und seine Bildung. In der Zusammenfassung über die Eigenschaften und Zusammensetzung des Erdöls kommt er zur Schlußfolgerung ihrer biogenen Entstehung.

W. I. WERNADSKIJ war der Organisator des biogeochemischen Laboratoriums, das später in „W. I. Wernadskij-Institut für Geochemie und analytische Chemie" umbenannt wurde.

5. In der Monographie „Geschichte der Mineralien der Erdkruste" werden die Mineralien als Produkte natürlicher chemischer Reaktionen in engem Zusammenhang mit den Bedingungen ihrer Entstehung, mit ihren Lagerstätten behandelt.

WASSOJEWITSCH, N. B., UdSSR, R. MEINHOLD & H. PÄTZ, DDR

Zur Geschichte der Ideen, die der organischen Erdölgenese unter Berücksichtigung des Migrationsprinzips im Sediment zugrunde liegen

1. Im Altertum und im Mittelalter hat man die unterschiedlichsten Vermutungen über die Natur des Erdöls, häufig unmögliche, ins Phantastische reichende, ausgesprochen. Manchmal wurde die Genese der Kohle und des Erdöls gemeinsam betrachtet, wobei eine Reihe von Autoren die Kohle als das Ausgangsprodukt für das Erdöl ansah.

2. Die erste begründete Vermutung über die Kohlen- und Erdölgenese stammt von M. W. LOMONOSSOW (1763). Er ist der Begründer der organischen Erdölgenesetheorie nach dem Destillationsprinzip. Diese Variante der organischen Genesetheorie wurde später in fast gleicher Form von C. LYELL (1833), G. D. ROMANOWSKIJ (1873), G. POTONIÉ (1904), D. WHITE (1912), J. L. REICH (1927) und N. P. TUAJEW (1949) entwickelt.

3. Einen wesentlichen Beitrag zur Klärung des Problems über die Erdölmuttersubstanz und der dafür notwendigen Ausgangsorganismen leistete G. POTONIÉ (1904). Er ist der Autor der Sapropelhypothese, die auch mit diesen oder jenen Abwandlungen von N. I. ANDRUSOW, W. I. WERNADSKIJ, I. M. GUBKIN und anderen anerkannt und vertreten wurde.

4. Die Bedeutung der Fettkomponenten der organischen Substanz wurde zuerst von K. ENGLER richtig erkannt und bewertet. Seine Fetthypothese wuchs hinüber in die Lipoid-

hypothese bis zu den modernen Erdölgenesetheorien. Die chemische Grundzusammensetzung (Eigenschaften) der Lipoide beeinflußt auch die Kohlenwasserstoffzusammensetzung des Erdöls. Zum Fortschritt unseres Wissens auf dem Gebiet der thermokatalytischen Prozesse bei der Umwandlung von Fettsäuren, Cholesterin und einer Reihe anderer organischer Substanzen zu Kohlenwasserstoffen haben solche russischen bzw. sowjetischen Forscher wie N. D. ZELINSKIJ und seine Nachfolger A. W. FROST, A. A. PETROW und A. I. BOGOMOLOW sowie Forscher außerhalb Rußlands bzw. der Sowjetunion, wie B. BROOKS, E. EISMA u. a. beigetragen.

5. Die Idee über die Genese des Erdöls aus der dispers verteilten Substanz und der daraus folgenden dispersen Verteilung des Erdöls wurde in ihrer allgemeinen Form zuerst von H. D. ROGERS und später unabhängig von ihm von E. ORTEN (am Ende des vergangenen Jahrhunderts) und von G. P. MICHAJLOWSKIJ (1906) geäußert. Diesen Gedanken entwickelten und begründeten E. BLUMER (1922), W. I. WERNADSKIJ (1924, 1927) und I. M. GUBKIN (1932) sowie viele nachfolgende Autoren. Zu Beginn der zweiten Hälfte unseres Jahrhunderts wurde die weitreichende Verbreitung des Mikroerdöls (Mikronaphtas) in den rezenten und fossilen Sedimenten bis zum nichtmetamorphen Riphäikum hin nachgewiesen. Die Masse des Mikroerdöls (Mikronaphtas), die die Quelle für die Erdölkohlenwasserstoffe darstellt, überschreitet um das Doppelte alle Vorräte in den Erdöllagern. Es ist erwiesen, daß sich die Kohlenwasserstoffe in der Erdrinde ähnlich wie viele andere chemische Elemente, die als große Massen bekannt sind und in der Natur in feinverteilter Form vorkommen, verhalten, wie es W. I. WERNADSKIJ und W. I. SMIRNOW festgestellt haben.

6. Das Problem der beginnenden Auswanderung des „Mikroerdöls" (Primärmigration des Erdöls) galt lange Zeit als „Achillesferse" der organischen Erdölgenesetheorie. Schon im Jahre 1924 unterstrich W. I. WERNADSKIJ richtig, daß es in der Erdrinde entsprechende Vorgänge gibt, die es gestatten, die „weitverteilten dispersen Stoffe" in großen Massen zu konzentrieren. Die Idee über die Migration des Erdöls in gelöster Form in den Formationswässern äußerten und entwickelten W. L. RUSSELL, E. BAKER, I. O. BROD, M. I. GERBER u. a. Der Gedanke über die Migration des Erdöls in Form einer Lösung in einem kontinuierlich komprimierten Gasstrom stammt von W. A. SOKOLOW, M. A. KAPELJUSCHNIKOW, D. CHILLINGAR u. a. Gegenwärtig werden beide Formen der Erdölmigration im allgemeinen anerkannt.

7. Als starke Stütze für die biogene Natur der Erdölausgangssubstanz erweist sich das Vorkommen von Resten spezifischer Molekularstrukturen im Erdöl, deren Eigenschaften ausschließlich der organischen Substanz eigen sind. Die Ehre, solche Verbindungen in Form der Porphyrine (diese entstehen aus Chlorophyll und anderen Pigmenten) in den Erdölen, Asphalten und Kohlen entdeckt zu haben, gebührt A. TREIBS (1934).

In den Jahren nach dem II. Weltkrieg hat sich die Zahl der gefundenen Restmolekularstrukturen der organischen Substanz in bedeutendem Maße erhöht. Besonders deutlich ist diese Zunahme nach der Entstehung der Paläobiochemie (F. ABELSON, E. DEGENS) und nach der Herausbildung der Molekular-Paläontologie (M. KELVIN) zu beobachten. Zu einer solchen Kategorie „chemischer Fossilien" gehören die Isoprenkohlenwasserstoffe Phytan, Pristan u. a. sowie alle n-Alkane, wobei die ungeraden Moleküle (C_{23} bis C_{33}) gegenüber den geraden (C_{22} bis C_{32}) usw. überwiegen.

8. Als überzeugendes Beweismittel für die direkte oder indirekte Mitwirkung der organischen Substanz bei der Erdölbildung gilt schon seit langer Zeit die optische Aktivität des Erdöls. Zum ersten Mal wurde die optische Aktivität des Erdöls von JEAN BIOT 1835 festgestellt. Jedoch könnte man noch annehmen, daß BIOT zu damaliger Zeit irgendeinen anderen Stoff, aber nicht Erdöl untersucht hat. Echtes Erdöl wurde zum ersten Mal von W. W. MARKOWNIKOW und W. N. OGLOBLIN 1884 untersucht. Sie analysierten leichtes Erdöl von Surachany und folgerten aus ihren Untersuchungen, daß das Erdöl optisch nicht aktiv sei. Die große Bedeutung der optischen Aktivität der Erdöle zur Lösung des Erdölgeneseproblems wurde von dem russischen Physikochemiker und Akademiemitglied P. I. WALDEN im Jahre 1900 vorausgesagt. Den Anfang der systematischen Erforschung der optischen Aktivität der Erdöle bilden die Arbeiten M. A. RAKUZINS im Jahre 1904. Eine notwendige statistische Untersuchung der optischen Aktivität der Erdöle unter Berücksichtigung geochemischer Aspekte erfolgte von G. A. AMOSOW in den Jahren von 1950 bis 1955. Die jüngste Arbeit über die optisch aktiven Substanzen im Erdöl stammt von dem französischen Geochemiker M. LOUIS (1968). Gegenwärtig gilt es als bewiesen, daß die optische Aktivität in den Ölen sowohl primäre als auch sekundäre Ursachen haben kann. Zu den primären Ursachen gehört die optisch aktive Wirkung von Stearinen und anderen geochemischen Komponenten der organischen Ausgangssubstanz, während die sekundäre Ursache durch die Mitwirkung einer in den Formationswässern vorkommenden Mikroflora bei der hypergenen Umwandlung der Erdöle bedingt wird.

9. Einen bedeutenden Fortschritt in unserer Erkenntnis der Erdölbildungsbedingungen erbrachte die geologisch-geochemische Komplexuntersuchung einzelner Erdöl- und Erdgasbecken. Die spezielle Untersuchung lithogenetischer Probleme und der Evolution der Fossilisation der organischen Substanz gestattete es sowjetischen, amerikanischen (USA), deutschen und französischen Kollegen in jüngster Zeit, die Existenz einer Hauptphase der Erdölbildung nachzuweisen und die Bedingungen ihrer Herausbildung und Wirkung eingehend festzustellen. Dabei sind vor allem die Temperaturverhältnisse zwischen 90° und 25° von entscheidender Bedeutung. Es konnte festgestellt werden, daß die geologische Zeitdauer den Temperaturfaktor kompensieren kann, dies ist allerdings nur in dem Falle möglich, wenn die Temperatur höher als 60 bis 65° ist.

WOLFSON, F. I., UdSSR

Beitrag S. S. Smirnows zur Entwicklung der Erzlagerstättenlehre

1. S. S. SMIRNOW war ein bedeutender Gelehrter auf dem Gebiet der Erzlagerstättenlehre und der Metallogenese. Er stand in der ersten Reihe der ruhmreichen Plejade von leitenden sowjetischen Geologen der älteren Generation.

2. S. S. SMIRNOW führte gründliche komplexe mineralogisch-geochemische sowie geologische Untersuchungen an Blei-Zink-Lagerstätten und Topaslagerstätten des Urals, an Eisenerz-, Blei-Zink- und Zinnlagerstätten Ostsibiriens, des Osttransbaikalgebiets, des Werchojangebirges, des Kolymagebiets, des Fernen Ostens und anderer Gebiete Sibiriens durch. Das von ihm gesammelte reichhaltige Material diente als Grundlage für wichtige Schlußfolgerungen über die Bildungsbedingungen und Verteilungsgesetzmäßigkeiten von endogenen Erzlagerstätten.

3. Schon im Jahre 1937 zeigte S. S. SMIRNOW die Haltlosigkeit der Batholithkonzeption von W. EMMONS. S. S. SMIRNOW äußerte als erster die Vorstellung über den genetischen Zusammenhang hydrothermaler Vererzungen mit tiefen magmatischen Herden oder mit Wurzelteilen der magmatischen Komplexe.

4. S. S. SMIRNOW kritisierte das Schema des Zonenbaus der Vererzung von W. EMMONS sowie seine Vorstellung über eine allmähliche Veränderung im Raum der einheitlichen erzhaltigen Lösung, die nur von der Temperatursenkung bedingt ist. S. S. SMIRNOW zeigte überzeugend die Ruckartigkeit des Zufließens erzhaltiger Lösungen mit verschiedener Zusammensetzung aus dem metallhaltigen magmatischen Herd im Zusammenhang mit Spaltenbildung. Solcher Zonenbau tritt oft in Erscheinung. Später wurde er von J. A. BILIBIN als „pulsartige" und von J. KUTINA als „polyszendent" genannt und ist z. Z. von vielen Forschern in allen Erzprovinzen der Welt bewiesen worden.

5. S. S. SMIRNOW untersuchte tief und kritisch die bekannten Klassifikationen von Erzvorkommen von W. LINDGREN, H. SCHNEIDERHÖHN, P. NIGGLI und skizzierte folgende Hauptprinzipien für die Schaffung einer neuen Klassifikation:

1. Charakter des physikalisch-chemischen Systems, das zur Bildung der Erze führte;
2. Erzformationen;
3. die Erdtiefen, in denen Lagerstätten gebildet werden;
4. die Temperatur des Hauptstadiums der Erzbildung.

S. S. SMIRNOW erarbeitete eine Klassifikation von Zinnerzvorkommen, unter denen er Gruppen von Pegmatit-, Kassiterit-Quarz- und Kassiterit-Sulfid-Vorkommen abteilte. Jede dieser Gruppen umfaßt einige Typen von Erzvorkommen, die sich durch mineralogischen Inhalt und geologische Bildungsbedingungen unterscheiden.

6. S. S. SMIRNOW schenkte der Erarbeitung der Lehre über Erzgürtel große Aufmerksamkeit und versuchte als einer der ersten, die Ursachen der Entstehung der regionalen Zonenverteilung zu analysieren. Am Beispiel des Osttransbaikalgebiets zeigte er, daß jede der drei von ihm abgeteilten Erzzonen — polymetallische Zone, Zinn-Wolfram-Zone und Gold-Molybdän-Zone — durch ihre eigene geologische Struktur und ihre magmatischen Erscheinungen gekennzeichnet werden. Dabei gibt es in der Bildungszeit der Erzvorkommen von verschiedenen Metallen, die sich in diesen Zonen konzentrieren, keine wesentlichen Unterschiede.

7. S. S. SMIRNOW teilte den riesigen „Pazifikgürtel" ab, der sich von „Kap Horn bis Alaska und von der Tschuktschenhalbinsel bis Neuseeland" ausdehnt und in seiner Gesamtheit „eine der bedeutendsten Mineralquellen des ganzen Erdballs" darstellt. Innerhalb der Innenzone dieses Gürtels, wo die Hauptintrusionen auslaufen, kommen oft Kupfer-, Gold- und Silbererze vor. In der Außenzone des Gürtels, wo saure magmatische Gesteine verbreitet sind, liegt eine gewaltige Zinnerzzone, und in ihrem Bereich befinden sich auch die meisten Blei-Zink-, Antimon- und Wismuterzvorkommen. Die Auffassung von S. S. SMIRNOW über den „Pazifikgürtel" spielte eine wichtige Rolle für die erfolgreiche Durchführung von geologischen Sucharbeiten auf dem sowjetischen Abschnitt des Gürtels.

*

Diese lange nicht umfassende Schilderung der theoretischen Forschungsarbeit von S. S. SMIRNOW zeigt seine hervorragende Rolle bei der Erarbeitung verschiedener Aspekte der Erzlagerstättenlehre. Damit gewinnen auch die tiefe Aneignung und Weiterentwicklung des wissenschaftlichen Nachlasses dieses hervorragenden und weltbekannten Gelehrten eine große Bedeutung. D. WOLF

Buchbesprechungen

L. P. KOLGINA

Bildungsbedingungen und Verteilungsgesetzmäßigkeiten der Speichergesteine im Apt, Alb und Cenoman des Westteils von Westsibirien

Verlag Nauka, Moskau 1969, 112 S., 8 Tab., 31 Abb., 13 Tab., 65 Lit.

Angesichts der Entdeckung von Erdöl- und Erdgaslagerstättengiganten in den jüngeren Kreideablagerungen Westsibiriens (z. B. der Lagerstätten Zapolarnoje und Beresovskoje) ist die vorliegende Monographie von großer Aktualität. Die Klärung von Grundfragen der Bildungsbedingungen der Speichergesteine und ihrer Verteilung in vertikaler und horizontaler Erstreckung hat dabei große Bedeutung. In der vorliegenden Arbeit wird das Hauptaugenmerk auf die Ausbildung von Granularspeichern gelegt, während Kluftspeicher nicht näher behandelt werden.

Die Untersuchung der aleuritisch-sandigen Speichergesteine erfolgte nach der Methode von P. P. AWDUSIN, die auf einer komplexen lithologischen mineralogisch-petrographischen Analyse der Gesteine beruht. Für die Formulierung der konkreten Aussagen über die Speicherausbildung wurde das Teilungsschema der Speichergesteine in die Klassen A—E (entsprechend von $\geqq 20\%$ bis $\leqq 5\%$ Nutzporosität) von P. P. AWDUSIN und M. A. ZWETKOWA (1943) verwendet. Es erscheint richtig, daß dieses Klassifikationsverfahren, da es auf einer schnell überschaubaren Kombination von Nutzporosität und Filtrationsgeschwindigkeit beruht, das geeignetste für Granularspeicher ist. Zweifel werden aber verschiedentlich angemeldet, inwieweit Gesteine der Klasse E mit $\leqq 5\%$ Nutzporosität noch als Speichergesteine angesehen werden können. Leider wird in der vorliegenden Arbeit darauf nicht eingegangen. Gerade in den sehr weit verbreiteten Zonen mit Speichergesteinen der Klasse E müssen aber wahrscheinlich durch getrennte Höffigkeitseinschätzungen für das Auffinden von Akkumulationen flüssiger und gasförmiger Kohlenwasserstoffe bessere und genauere Resultate erzielt werden.

Der Autor hat die aleuritisch-sandigen Partien der jüngeren Kreide Westsibiriens umfangreichen lithologisch-petrographischen Analysen unterzogen und ist dabei zu einer Reihe von Schlußfolgerungen gekommen, die allgemeine Beachtung verdienen. Nach KOLGINA erfolgt die Sedimentation unter einer zu Beginn des Albs einsetzenden Transgression, mit der ein Übergang des Nordteils des Untersuchungsgebiets vom Flachwassergebiet zum Schelfbereich, des Südteils aber vom Festland zum Flachwassergebiet einsetzte. Dabei ist eine allmähliche Verschlechterung der Speichereigenschaften der Sedimentationsprodukte charakteristisch. Es schalten sich mit der Absenkung verstärkt Tonpartikel ein, der zunehmende statische Druck verfestigt die Sedimentmasse schnell. Gleichfalls ist in den Sedimenten des Küstenstreifens infolge schlechter Sortierung eine niedrige Nutzporosität zu beobachten. Teilweise vorliegende gute Speicher führt KOLGINA auf „mögliche Unterschiede in der Morphologie des Grundes des Sedimentationsbeckens" zurück, wobei eine intensive hydrodynamische Beeinflussung erfolgte (S. 88).

Leider ist zu vermerken, daß die Aussagen über hydrostatische und hydrodynamische Einflüsse nicht entsprechend theoretisch in der Monographie untermauert werden. Das Schwergewicht bei der Auswertung der umfangreichen Untersuchungen wurde auf die Erklärung der schlechten Speichereigenschaften gelegt, Ansätze einer Ausdeutung von Speichergesteinen mit hohen Nutzporositäten in ihrer regionalen Verbreitung bleiben im Stadium der Vermutung stecken. Von der methodischen Seite her verdient die Arbeit beachtet zu werden, da sie auf der Anwendung aller von P. P. AWDUSIN und seinen Mitarbeitern entwickelten Methoden in ihrer Komplexität beruht. Die Monographie zeigt aber auch, daß ohne eine Kopplung der traditionellen Methoden mit einer klaren mathematisch-physikalischen Beweisführung heute nicht mehr gearbeitet werden kann, wenn ein maximaler Nutzeffekt für die Suche und Erkundung von Erdöl- und Erdgaslagerstätten erreicht werden soll.

F. ZELT

KALINKO, M. K.

Die Erdöl-Erdgas-Führung der Aquatorien der Welt

Moskau: Verlag Nedra 1969. 220 S., 60 Abb., 18 Tab., geb. Rbl. 1,71

Der Anteil der Erdöl- und Erdgasförderung aus dem Boden der Aquatorien steigt in den letzten Jahren mit zunehmendem Tempo. Gegenwärtig macht er bereits etwa ein Fünftel der Weltförderung aus. Diese Tatsache und die großen Perspektiven dieses Zweiges der Erdölindustrie machen es verständlich, daß entsprechenden Forschungsarbeiten und methodischen Untersuchungen zur rationellen Suche und Erkundung in diesen Gebieten gegenwärtig größte Aufmerksamkeit erwiesen wird, daß eine neue wissenschaftliche Disziplin im Entstehen begriffen ist — die Erdöl-Erdgas-Geologie der Aquatorien.

M. K. KALINKO, einer der führenden sowjetischen Wissenschaftler auf diesem Gebiet, der mit seinem Beitrag in Heft 8/1969 der „Z. angew. Geol." unsere Leser auf diese Probleme aufmerksam gemacht hat, ist der Autor dieses Buches, mit dem er sich das Ziel gestellt hat, die vorliegenden Kenntnisse über die Erdöl-Erdgas-Führung der Aquatorien umfassend auszuwerten, um sie möglichst vollständig in der Suche und Erkundung nutzen zu können.

Der Verfasser beschreibt ausführlich den geologischen Bau und die Erdöl-Erdgas-Führung der Aquatorien, führt innerhalb der Aquatorien eine tektonische Rayonierung durch, die sich auf die Prinzipien einer analogen Gliederung der Territorien, auf die Morphologie des Bodens der Aquatorien und den Charakter tektonischer Bewegungen stützt. Kontinentalschelf, -hang, -fuß, Abyssalebenen, intraozeanische Erhebungen, Tiefseerinnen und Riftstrukturen erfahren dabei unter dem Aspekt ihrer möglichen Erdöl-Erdgas-Führung besondere Beachtung.

Die detaillierte Analyse dieser Elemente macht den Hauptteil des Buches aus. Sie ist die Grundlage für abgeleitete Gesetzmäßigkeiten der Verteilung von Erdöl-Erdgas-Lagern und für die Einschätzung der Aquatorien hinsichtlich ihrer Bedeutung für die zukünftige Entwicklung der Erdöl-Erdgas-Förderung in der Welt. Für die praktische Arbeit sind die vom Autor entwickelten Prinzipien zur Einschätzung der Perspektiven interessant. Die jüngsten Sucherfolge in Australien und insbesondere in Alaska und Nordkanada bestätigen die Richtigkeit dieser Prinzipien. Abschließend werden Schlußfolgerungen für die Praxis der Suche und Erkundung gezogen. Dieses Kapitel ist insgesamt jedoch etwas zu kurz ausgefallen.

Jedem Geologen, der sich bemüht, mit dem Fortschritt unseres Wissens und der geologischen Wissenschaft Schritt zu halten, ist das Studium dieses Buches zu empfehlen. Da russische Sprachkenntnisse bei uns die Regel sind und das Buch preisgünstig in unseren Buchhandlungen erhältlich ist, sollte dem nichts im Wege stehen. F. STAMMBERGER

ENGELHARDT, W. v., H. FÜCHTBAUER & G. MÜLLER

Sediment-Petrologie Teil II.

FÜCHTBAUER, H., & G. MÜLLER

Sedimente und Sedimentgesteine

E. Schweizerbart'sche Verlagsbuchhandlung (Nägele und Obermiller), Stuttgart 1970, 726 S., 326 Abb., 66 Tab., DM 120,—

Nach dem Erscheinen des I. Teils (G. MÜLLER: Methoden der Sediment-Untersuchung 1964) wurde nunmehr der für sicherlich nicht wenige Interessierte lang erwartete Teil II vorgelegt, der sich mit den Untersuchungsobjekten, den Gesteinen, beschäftigt. (Entgegen dem ursprünglichen Plan erscheint noch ein III. Band, in dem die Vorgänge des exogenen Kreislaufs ausführlich behandelt werden sollen.)

Die Bemühungen der Autoren, eine ausführliche Darstellung über Zusammensetzung und Entstehung der Sedimentgesteine zu geben, muß um so höher gewertet werden, als das vorliegende Werk die erste umfassende Nachfolgearbeit über diesen Themenkreis seit 1952 (NIGGLI) darstellt, während für den russischen und angelsächsischen Sprachbereich bereits eine Anzahl ähnlicher bzw. gleichartiger Werke existieren. Angesichts der Fülle von Untersuchungsergebnissen, die auf dem Gebiet der Sedimentpetrographie, -petrologie bzw. Lithologie gerade in den vergangenen 10 bis 20 Jahren erarbeitet wurden, wird eine moderne Zusammenfassung über lithologische Fragenkomplexe wohl von allen Geologen besonders begrüßt.

Das Werk gliedert sich in sieben Großabschnitte: 1. Exogener Kreislauf (H. FÜCHTBAUER); 2. Benennungsprinzipien (H. FÜCHTBAUER); 3. Sandsteine, Konglomerate und Brekzien (H. FÜCHTBAUER); 4. Silt- und Tongesteine (G. MÜLLER); 5. Karbonatgesteine (H. FÜCHTBAUER); 6. Sedimente spezieller Bildungsbereiche (G. MÜLLER); 7. Wechselfolgen (H. FÜCHTBAUER).

In Abschnitt 1 erfolgt eine kurze Skizzierung der allgemeingeologischen Vorgänge, die zur Sediment- und Sedimentgesteinsbildung führen.

Abschnitt 2 ist recht kurz gehalten; es werden nur die Hauptbenennungsprinzipien genannt und erläutert. Vorschläge zur spezielleren Nomenklatur finden sich bei den jeweiligen Gesteinsgruppen.

In den Abschnitten 3 bis 6 wird zunächst die Gesteinsgruppe definiert. Stoffbestand und Gefüge werden bereits unter dem Gesichtspunkt der Bildungsbedingungen betrachtet. Eine Mineralbeschreibung bzw. -definition erfolgt nur dann, wenn es für den petrologischen Zusammenhang erforderlich erscheint. Entsprechend der Aufgabenstellung des Buches nehmen Ausführungen über die Genese den breitesten Raum ein. Betont sind diejenigen Stadien der Genese, über die das Gestein die beste Aussage bringt. Aktuogeologische Fakten und Betrachtungen stehen dabei im Vordergrund.

Der Abschnitt 3 über Gesteine, die wegen des relativ geringen technischen Aufwands wohl am besten untersucht sind, behandelt Stoffbestand, Korngröße und Partikelform und ihre Beziehungen zur Interpretation. Stoffbestand und Korngefüge müssen gerade bei klastischen Gesteinen im Zusammenhang betrachtet werden. Ein wesentliches Kap. ist der Schichtung und dem Schichtgefüge gewidmet, obwohl in ihm nicht ausschließlich Sandsteine behandelt werden. Gleiches gilt auch für die folgenden Ausführungen über die Sandsteinfazies.

Abschnitt 4 befaßt sich mit der Entstehung der feinkörnigen, im wesentlichen silikatischen Sedimente. Der Transportart nach wird unterschieden zwischen windtransportiertem Staub und wassertransportiertem Schlamm. Hingewiesen wird auf die Ablagerungen kosmischen Staubes. Wesentliche Ausführungen beziehen sich auf die silikatischen Schlämme. Angaben über rezente feinkörnige Bildungen weisen auf die Notwendigkeit hin, der in der Vergangenheit stark vernachlässigten siltig-tonigen Fraktion, die am Aufbau der Profile vieler stratigraphischer Einheiten starken Anteil nimmt, in Zukunft angemessene Aufmerksamkeit zu schenken.

Die Erforschung der Kalk- und Dolomitgesteine hat in Verbindung mit der Erdölerkundung in den letzten Jahrzehnten besonders große Fortschritte gemacht. In Abschnitt 5 werden folgende Gruppen von Kalkgesteinen unterschieden: 1. Kalklutite; 2. granulierte Kalke; 3. Pillenkalke; 4. Detrituskalke; 5. Fossilkalke; 6. Kalkoolithe; 7. Krustenkalke.

Ein Kap. behandelt Fragen der Biogefüge (Bioherm, Biostrom u. a.). Bei der Schilderung der nachträglichen Umwandlung von Kalkgesteinen wird unterschieden zwischen isochemischer und allochemischer Genese.

In Abschnitt 6 werden Sedimente spezieller Bildungsbereiche behandelt: 1. Salzgesteine (marin — kontinental); 2. kieselige Sedimente; 3. sedimentäre Phosphatgesteine; 4. eisen- und manganreiche Sedimente und Sedimentgesteine; 5. Erze in Sedimentgesteinen (nur sehr kurze erweitere Klassifizierung); 6. Residualgesteine (Bauxit, Residualtone); 7. pyroklastische Gesteine; 8. Torf—Braunkohle—Steinkohle; 9. Sedimente und Sedimentgesteine des Mondes.

In Abschnitt 7 geht Verf. zunächst noch einmal auf die vieldiskutierten Begriffe „Rhythmus" und „Zyklus" ein, die keinen Gegensatz darstellen, weil sich viele Rhythmen bei genauerer Untersuchung als Zyklen erweisen. Anschließend geht Verf. kurz auf die möglichen Ursachen der Wechselfolgen ein, die an Hand spezieller Faziesbereiche (tieferes Wasser, Flachsee, Grenzbereich Land/Meer, lakustrin, fluviatil) verschiedener stratigraphischer Einheiten durch Beispiele erläutert werden.

Insgesamt gesehen gibt das Werk einen umfassenden und ausgewogenen Überblick für alle an der Thematik Interessierten. Allein das Literaturverzeichnis umfaßt über 80 Seiten. Günstig wäre es vielleicht, wenn bei einer zukünftigen Neuauflage des Werkes noch stärker auf die Erfahrungen eingegangen wird, die sich für die geologische Auswertung bei der Anwendung moderner statistischer Methoden ergeben.

S. DIENER

NIKOLAJEWSKIJ, W. N., K. S. BASNIEW, A. T. GORBUNOW & G. A. SOTOW

Die Mechanik gesättigter poröser Stoffe

Moskau: Verl. Nedra 1970. 336 S., 57 Abb., 42 Tab., 329 Lit.

Das vorliegende Buch spiegelt die Entwicklung eines für verschiedene Wissenszweige (Bauwesen, Geophysik, Bergbau, Erdöl-Erdgas-Industrie) bedeutenden Gebiets wider: die Mechanik sich deformierender gesättigter poröser Stoffe. Die in dem Buch enthaltenen Forschungsergebnisse sind im wesentlichen Resultate von Arbeiten bedeutender sowjetischer Institute, wie des Instituts für Mechanik und für Physik der Erde der Akademie der Wissenschaften der UdSSR, des Allunionsinstituts WNII-neft und WNII-gas sowie des Moskauer Instituts für erdölchemische und Gasindustrie „I. M. Gubkin". Durch umfangreiche Literaturauswertungen, insbesondere amerikanischer und sowjetischer Quellen, erhält die Arbeit den Charakter einer Zusammenfassung des bisher auf diesem Gebiet erreichten Wissens.

Das Buch ist in zwei Teile gegliedert. Nach einer Darlegung der Grundlagen und wesentlichen Vorstellungen über die Mechanik sich deformierender poröser Stoffe wird recht umfassend die Theorie der nichtstationären Deformation bei der Sättigung des Porenraums durch Flüssigkeiten und Gase behandelt. Im ersten Teil werden dabei auch die rheologischen Prozesse dieser mehrphasigen Stoffe in die Betrachtungen einbezogen. Ausgangspunkte sind Untersuchungen mit seismischen Wellen in wasser- und erdölgesättigten Gesteinen und die Theorie der Konsolidierung von Erdschichten. Der zweite Teil des Buchs ist Problemen des elastischen Strömungsregimes gewidmet. Unter Beachtung der Wirkung des Gebirgsdrucks wird eine Übersicht über alle zugänglichen Angaben über Filtrationseigenschaften der Gesteine gegeben. Dabei sind auch die realen physikalischen Eigenschaften der Schichten und Flüssigkeiten, wie Klüftigkeit, Effekte der Druckausbreitung auf das Skelett der Gesteinsschichten, die Zweiphasensättigung u. a. m., einbezogen.

H. Schneider

J. L. Mero

The Mineral Resources of the Sea

Elsevier Publishing Company, Amsterdam–London–New York 1965, Neuauflage 1969

Die unübersehbare Menge an Veröffentlichungen einzelner wissenschaftlicher Spezialgebiete läßt immer wieder dankbar nach zusammenfassenden Arbeiten greifen. Obwohl die Untersuchung des marinen Bereichs nach seinen wirtschaftlich zu gewinnenden mineralischen Rohstoffen erst seit etwa 10 bis 15 Jahren systematisch betrieben wird, ist auch hier schon eine große Anzahl von Arbeiten erschienen, die nur noch mühsam zu überblicken ist. John L. Mero hatte es sich 1965 daher zur Aufgabe gemacht, eine erste Zusammenfassung über die Kenntnisse von den Mineralressourcen der Meere und Ozeane zu geben. Die starke Nachfrage nach diesem Buch wird durch den jetzigen Nachdruck und die Übersetzung der ersten Ausgabe in das Russische (Verlag Progress, Moskau 1969) unterstrichen. Leider versäumte der Autor, die gerade in den letzten Jahren durch die rege Aufschlußtätigkeit im Schelfbereich gewonnenen Kenntnisse einzuarbeiten. Der heutige Kenntnisstand kann daher durch die Neuauflage nicht wiedergegeben werden. So liegt ihr Wert vor allem in der Zusammenstellung der umfangreichen Analysendaten von den für eine wirtschaftliche Nutzung in Frage kommenden Manganknollen (ca. 50 Seiten).

W. Nöldeke

Schultze, E.

Die Standsicherheit schiefer Türme

„Mitt. Inst. Verkehrswasserbau, Grundbau u. Bodenmechanik techn. Hochsch. Aachen", Aachen (1969), H. 47, 69 S., 20 Bilder, 1 Taf.

Der schiefe Turm von Pisa war nicht zuletzt wegen der umfangreichen Meß- und Untersuchungsergebnisse Anlaß, die Richtigkeit bestimmter bodenmechanischer Überlegungen und erdstatischer Ansätze bei verkanteten Bauwerken zu prüfen. Der Verfasser kam auf Grund seiner Untersuchungen zu dem allgemeinen Resultat, daß die Ursache für eine Fortdauer der Schiefstellung entweder ein Grundbruch mit Kriechen oder eine ungleichförmige Setzung sein kann. Welche Ursache vorliegt, entscheidet die Berechnung der Grundbruchsicherheit bzw. Sicherheit gegen Instabilität. Eine von beiden muß rd. 1,0 und die andere höher liegen. Nicht ausreichender Grundbruchsicherheit kann durch Verbreiterung und Vertiefung der Gründung, ungenügender Stabilität und mächtigem weichem Untergrund durch Verbreiterung entgegengewirkt werden. Falls durchführbar, erhöht eine Baugrundverbesserung im ersten Falle die Scherfestigkeit und im zweiten Falle die Steifezahl. Bei Sanierungsarbeiten besteht Gefahr, wenn eine der beiden Sicherheiten nahezu 1,0 beträgt. Erforderliche vorübergehende Stützkonstruktionen können wesentlich teurer als eigentliche Unterfangungsmaßnahmen am Fundament sein.

Der schiefe Turm von Pisa, mit Unterbrechungen erbaut von 1174 bis 1370 auf 35 m mächtigem Ton, zeigt heute eine Neigung von 5,6°, die weiter bei abnehmender Geschwindigkeit ansteigt. Infolge Schwerpunktverlagerung verschlechtert sich die Stabilität, die rd. 1,0 ausmacht, während die Grundbruchsicherheit größer als 2,2 ist. Die wahrscheinliche Endneigung wird 7,1° betragen. Bruchgefahr infolge einer klaffenden Fuge besteht erst bei 8,4°. Zur Erreichung einer Sicherheit von 1,5 muß der Fundamentdurchmesser um 10% vergrößert werden. Hauptproblem der Stabilisierung ist die Sicherung des Turmes während der Bauarbeiten.

G. Schwokowski

J. Rinn

Handbuch der Bergwirtschaft in der Bundesrepublik Deutschland

Essen 1970, Verlag Glückauf, 476 S., 114 Tab., DM 26.—

Dieses Handbuch, herausgegeben im Auftrag der Wirtschaftsvereinigung Bergbau (Westdeutschland) knüpft unmittelbar an das im Jahre 1964 erschienene Buch „Bergbau in der Bundesrepublik Deutschland" an, dessen Fortsetzung es darstellt. Der Charakter der Neuauflage als Handbuch, d. h. als Nachschlagewerk, scheint dem Sinn dieser Publikation mehr zu entsprechen.

Der Inhalt gliedert sich in einen allgemeinen Teil als Einführung in die Fragen der Geologie, der Forschung, des Bergrechts, der Finanzierung, der Sozialfragen und des Verkehrs. Ihm folgen zehn Teile mit der Besprechung spezieller mineralischer Rohstoffe (Steinkohlen, Braunkohlen, Pechkohlen, Eisenerz, Metallerz, Uranerz, Kali und Steinsalz, Siedesalz, Torf und sonstige Bergbauprodukte). Abschließend werden kurz Bergbauspezialgesellschaften (Schachtbau, Untertagebau, Bohrungen) behandelt. Es folgen ein ausführliches, nach dem besprochenen Rohstoff gegliedertes Schrifttumsverzeichnis und ein Sachwortregister.

Der Aufbau der einzelnen Kap. mit Lagerstättengewinnung, -verarbeitung, -veredlung, Marktlage etc. ist mehr oder weniger bei jedem Rohstoff gleich. Geologisch kann nichts wesentlich Neues erwartet werden. Von Gewicht aber sind die Angaben über Trends dieser Rohstoffgewinnung, der Veredlung, der Wirtschaft etc. Die knapp gehaltenen Ausführungen werden durch zahlreiche Tabellen und Statistiken unterbaut. Sie beziehen die Produktions- und Entwicklungsangaben des Jahres 1968 mit ein.

Der Rahmen dieses Buches ist weit gespannt, wenn man bedenkt, daß auch die Tätigkeit westdeutscher Geologen und Bergleute im Ausland Berücksichtigung findet. Das Werk wird seinem Zweck, Interessenten einen ausreichenden Überblick über die Rohstofflage und -entwicklung zu verschaffen, voll genügen.

K. Kauter

. . .

Gmelins Handbuch der anorganischen Chemie, 8. Auflage System-Nr. 61, Silber, Teil A, Lieferung 1

Verlag Chemie, Weinheim 1970, VII, 144 S., Leinen DM 180,—

Die einzelnen Bände des Gmelinschen Handbuchs brauchen nicht besonders angepriesen zu werden. Sie sprechen für sich: eine Fundgrube chemischer und geochemischer Daten sowie eine Fülle dazugehöriger Literaturzitate. Die vorliegende Lieferung behandelt für das Element Silber die vor allem für Geochemiker wichtigen Teile: Geschichtliches, Kosmochemie, Geochemie (kristallchemische Grundlagen, geochemischen Charakter und Häufigkeit, Silber in der Lithosphäre, Hydrosphäre, Atmosphäre, Kreislauf), Mineralien, Lagerstätten sowie einige wirtschaftsstatistische Angaben. Die Literatur ist erfreulicherweise bis 1968 verarbeitet worden. Wie immer sind die Darstellungen recht knapp, aber außerordentlich informativ. Wer sich mit Problemen der Geochemie des Silbers beschäftigt oder beschäftigen will, wird von dem vorliegenden Band auszugehen haben, da hier die gegenwärtigen Kenntnisse umfassend und vollständig dargestellt sind.

G. Tischendorf

Neuerscheinungen und Literaturhinweise

GOGUEL, J.
Grundlagen der Tektonik
Moskau: Verlag Mir 1969. 439 S., 15 S. Lit. (Nauki o semle, 20)

...
Das Riftsystem der Welt
Moskau: Verlag Mir 1970, 278 S., getr. Abb., Tab., Lit. (Nauki o semle, 24)

GURWITSCH., I. I.
Seismische Erkundung
Leipzig: Geest & Portig-Verlag 1970. 699 S., 273 Abb., 15 S. Lit.

CICHA, I.
Stratigraphical problems of the Miocene in Europe
Praha: Naklad. Tscheskoslov. Akad. Ved. 1970. 134 S., 12 Taf., 17 S. Lit.

BEURLEN, K.
Geologie von Brasilien
(Beiträge zur regionalen Geologie der Erde, Bd. 9)
Berlin, Stuttgart: Verlag Borntraeger 1970. 44 S., 76 Abb., 6 Tab., 1 Kt. 28 S. Lit.

GOUDARZI, G. H.
Geology and mineral resources of Libya — a reconnaissance
Washington: 1970. 104 S., 13 Abb., 3 S. Lit. (Geol. Surv. Profess. Pap. 660)

CHARM, W. B., u. a.
Detailed stratigraphic description of the JOIDES cores on the Continental margin of Florida
Washington: 1969. 13 S., 2 Abb., 1 S. Lit. (Drilling on the continental margin of Florida D) (Geol. Surv. Profess. Pap. 581-D)

ANDREJEW, P. F., u. a.
Transformation of petroleum in nature
Oxford (usw.): Verlag Pergamon Press 1968. 466 S., 53 Tab., 55 Abb., getr. Lit. (Übers. aus dem Russ.) (Intern. Series of Monographs in Earth Sciences, Vol. 29)

BROJDE, I. M.
Die Finanzen der Erdöl- und Erdgasindustrie
Moskau: Verlag Nedra 1969. 326 S., Lit.

BULACH, A. G.
Berechnung von Mineralformeln
Leipzig: Deutscher Verlag für Grundstoffindustrie 1970. 166 S., 30 Tab., 6 Anl., 1 Taf., 5 S. Lit.

IWANKIN, P. F.
Die Morphologie tiefer magmatogener Erzfelder
Moskau: Verlag Nedra 1970. 287 S., 8 S. Lit.

FEDORTSCHUK, W. P.
Die Nebengesteinsveränderungen von Quecksilber-Antimon-Lagerstätten
Moskau: Verlag Nedra 1969. 263 S., 8 S. Lit.

...
„Computer-Einsatz in der Geologie. Ergebnisse der Diskussionstagung Elektronische Datenverarb. i. d. tektonischen Geologie" vom 9. bis 13. Juni 1969
Clausthal-Zellerfeld: Pilger-Verlag 1970. 400 S. (Clausthaler tekt. Hefte, 10)

CHAITOW, B. K.
Isotopen in der Hydrogeologie
Taschkent: Verlag FAN, Usbekskoy SSR 1969. 148 S.

GLOBUS, A. M.
Experimentelle Hydrophysik der Böden
Leningrad: Verlag Gidrometeorolog. 1969. 354 S., getr. Abb., Tab., Lit.

...
Die Untersuchung der optischen Eigenschaften natürlicher Objekte und ihre aerophotographische Darstellung
Leningrad: Verlag Nauka. Leningr. otd. 1970. 167 S., getr. Abb., Tab., Lit.

CASSIE, W. F.
Fundamental foundations
Amsterdam (usw.): Verlag Elsevier 1968. 226 S. getr. Abb., Tab., Lit. (Elsevier Architectural science series)

BALDUZZI, F.
Bodenmechanik für den Straßenbau
Malmö: Svenska Cementföreningen 1969. 72 S., getr. Abb. Tab., Lit.

Informationen

Fünfjahrplan der UdSSR

Nach den Zielstellungen des kommenden Fünfjahrplans werden 1975 eine Erdölförderung von 460 bis 480 Mill. t/a und 1980 von 650 bis 680 Mill. t/a, eine Erdgasförderung von 310 bis 340 Mrd. m³ 1975 und 520 bis 560 Mrd. m³ 1980 erwartet. Für die geologische Erkundung bringt dieser Plan die Aufgabe mit sich, für eine Steigerung des Vorratszuwachses um 30 bis 35% in den Jahren 1971 bis 1975 zu sorgen. Dazu müssen 40 bis 42 Mill. Bohrmeter für Tiefbohrungen niedergebracht werden.

Wechselnde Erfolge bei Kohlenwasserstoffsuche im Schelfbereich Australiens

Rund 200 km von Darwin, im Bonapartegolf, wurde bei einem Gasausbruch der Bohrung Petrel Nr. 1 die Bohrinsel sehr stark beschädigt. Auch sonst stellten sich auf dem nordwestlichen Festlandsockel Australiens viele Mißerfolge ein. Hinweise auf das Vorhandensein von Kohlenwasserstoffen gaben die Fundbohrungen Legrende 1 (1014 B/d aus 1890 m Teufe) und die südlich davon stehende Bohrung Dempir Nr. 1 (28500 m³/d).

Etwa 320 km nördlich von Perth liegt das Gebiet von Dongara. In ihm wurde Erdgas von guter Qualität festgestellt. Die nachgewiesenen Vorräte rechtfertigen den Bau einer Ferngasleitung von Dongara nach Perth. Von den bisher niedergebrachten 13 Bohrungen sind sechs erdgas- und eine ölfündig geworden.

Selbst bei an sich reger Schürftätigkeit sind die Bohrleistungen beträchtlich zurückgegangen. Unter den im ersten Quartal 1969 abgeschlossenen 55 Bohrungen waren 12 Suchbohrungen, von denen 8 trocken blieben, 3 können möglicherweise Erdgas liefern, und eine Bohrung führte Erdöl- und Erdgasspuren. Die Suchtätigkeit konzentrierte sich auf Victoria, wo der Meeresboden vor der Küste von Gippsland derzeit systematisch durchforscht wird. Die Suchtätigkeit in Südaustralien und Queensland soll sich noch stark steigern.

Seit Anfang 1969 wird Brisbane durch eine 460 km lange Leitung mit Erdgas aus den Feldern von Roma versorgt. Zur gleichen Zeit begann die Versorgung der Stadt Melbourne mit Erdgas durch eine 176 km lange Leitung aus der Bass-Meerenge. Die Fernleitung aus den Feldern von Gidgealpa und Moomba nahm Ende 1969 die Versorgung der Stadt Adelaide auf.

Der einzige australische Bundesstaat, der noch nicht aus der Erdöl- und Erdgassuche Nutzen gezogen hat, ist Neusüdwales. Einige Gesellschaften setzen die Durchforschung seines Territoriums in geringem Ausmaß fort. 1970 werden die Sucharbeiten vor der Küste von Neusüdwales systematisch aufgenommen.

Erdgasverflüssigungsanlage in Großbritannien

Die BOB-Airco Cyrogenic Plant baut im Auftrag des British Gas Council die erste europäische Erdgasverflüssigungsanlage in Glenmavis, Schottland. Mit der Anlage sollen 100000 m³/d Erdgas aus dem Felde Lockton und aus Offshore-Feldern verflüssigt werden. Zur Lagerung des verflüssigten Gases dient ein Tank von 20000 t Fassungsvermögen. Der Komplex soll noch vor 1972 fertiggestellt sein.

Erdöl im norwegischen Schelfbereich

Nach einer Mitteilung des Konsortiums, das mit den beiden Erdölbohrungen Ekofisk 1 und Ekofisk 2 im norwegischen Schelfbereich fündig geworden ist, wurden dort Vorräte in Höhe von mehreren hundert Mill. t Erdöl nachgewiesen. Dabei wurde bekannt, daß die Bohrung 2, die rund 3 km östlich der Fundbohrung 1, rund 300 km südöstlich der Küste Norwegens, niedergebracht wurde, mit etwa 300 t Erdöl täglich eruptiv fördert. Schon die vorausgegangene Bohrung 1 hatte den Speicherhorizont in tertiären Schichten angetroffen. Ein Test ist dort bis heute aus verschiedenen Gründen unterblieben. Der Produktionshorizont bei der Sonde 2 liegt etwa 3000 m tief. Das genannte Ergebnis des Produktionstestes auf dieser Sonde bezieht sich auf die unteren 60 m des insgesamt noch mächtigeren Speichers.

Braunkohlenbergbau in der ČSSR

Die Braunkohlenförderung der ČSSR betrug 1968 74,3 Mill. t. Für 1975 ist eine Förderung von 79 Mill. t und für 1980 von 89 Mill. t geplant.

Der Großteil der Fördersteigerung soll durch den Hartkohlenbergbau im Erzgebirge erbracht werden. Großtagebaue mit einer Kapazität von 7 Mill. t/a werden vorbereitet, wobei ein Abraumverhältnis von 8:1 und eine Leistung von 4200 t/Mann und Jahr erreicht werden sollen.

Uranerz in der SFR Jugoslawien

880 t Uranerz jährlich soll nach vorläufigen Schätzungen die vorerst einzige Uranlagerstätte in Jugoslawien, etwa 30 km von der slowenischen Hauptstadt Ljubljana entfernt bei Zirovski Vrh, liefern. Sollten sich die bisherigen Vermutungen bestätigen, wird mit der Errichtung der Uranförderungsanlage bei Zirovski Vrh 1972 und 1973 und mit der Uranförderung selbst 1975 begonnen werden. Die ersten Untersuchungen haben ergeben, daß pro Tonne Uranerz 1400 g Uranoxid anfallen.

Urangewinnung aus dem Meer

Einer Gruppe japanischer Wissenschaftler gelang es, mit Hilfe von Titansäure Uran aus dem Meerwasser zu gewinnen. Mit 1 g Titansäure erhielten sie 1 Milligramm Uran, während bei britischen Versuchen nur 2 bis 4 Zehntel der gleichen Menge gewonnen wurden. Nach japanischen Berechnungen sind 4 Mrd. t Uran im Wasser der Weltmeere enthalten.

Neue Goldlagerstätte in der UdSSR

Am Lantar, der ins Ochotskische Meer mündet, wurde das erste Gold gewonnen. Die neue Lagerstätte hatte sich als außerordentlich reichhaltig erwiesen. Das Lantarvorkommen ist die 21. abbauwürdige Goldlagerstätte, die von Angehörigen der sowjetischen Geologieverwaltung Fernost seit Anfang des Planjahrfünfts der Industrie übergeben wurde.

Weltquecksilberproduktion

Nach Schätzungen des US-Bergbauamts erhöhte sich die Quecksilberproduktion der Welt im Jahre 1969 um ungefähr 11% auf 286443 Flaschen gegenüber 258835 Flaschen im Jahre 1968, wobei die Produktion Kanadas, Spaniens und Mexikos besonders stark anstieg. Im einzelnen werden folgende Produktionszahlen angegeben:

Land	1969
Spanien	64456
Italien	48733
UdSSR	47000
USA	29360
Mexiko	22500
Kanada	20000
VR China	20000
SFR Jugoslawien	14330
Japan	5599
Türkei	4800
Philippinen	3478
Peru	3360
ČSSR	1200
Irland	420
Kolumbien	344
Tunesien	320
Chile	275
SR Rumänien	200

Der Welt größte Magnesitlagerstätte in der UdSSR

Die größte Magnesitlagerstätte der Welt wurde im Gebiet von Irkutsk erschlossen. Der Magnesitvorrat beträgt 2 Mrd. t, das ist ein Mehrfaches der Magnesitvorräte der USA mit 79 Mill. t und mehr als das Dreifache aller kapitalistischen Länder mit 600 Mill. t. Die sowjetische Versorgung mit feuerfestem Material stützte sich bisher auf die Sakinsker Lagerstätte mit 215 Mill. t.

Kaolin in der VR Polen

Der größte und modernste Kaolinbetrieb der VR Polen befindet sich seit 1969 in Oldrzychow bei Boleslawiec im Bau. Nach Inbetriebnahme 1971 soll er 30000 t/a Kaolin liefern. Ebenfalls entsteht dort eine wissenschaftliche Forschungsbasis der Keramikindustrie und ein neuer Verarbeitungsbetrieb, der aus dem Rohstoff reines Kaolin herstellen wird.

Beschleunigte Gletscherschmelze durch Staub

Die in letzter Zeit häufig beobachtete verstärkte Schmelze von Gletschern soll auf eine zunehmende Verstaubung der Atmosphäre zurückzuführen sein. Zu diesen Ergebnissen sind Wissenschaftler der Sowjetunion gekommen. Feinste Staubteilchen, die sich auf der Oberfläche von Gletschern ablagern, tragen dazu bei, daß das Eis die Sonnenstrahlung verstärkt absorbiert.

Wasserreservoire in der Litauischen SSR

Mit einem System von 200 künstlichen Wasserreservoiren will die Litauische SSR um die Jahrhundertwende die Versorgung der Industrie und der Bevölkerung garantieren können. Es werden künstliche Seen und Teiche mit einer Fläche bis zu 30 km² angelegt, in denen sich die Frühjahrswässer sammeln. Die Stauanlagen sollen jährlich 5000 bis

6000 km³ Wasser zurückhalten, das gegenwärtig noch ungenutzt in die Ostsee fließt.

Des weiteren soll der Njemen für die Stromerzeugung genutzt werden. An seinem Lauf sollen im Süden der Republik und unweit der Njemenmündung Kraftwerke entstehen. Dadurch wird sich die Stromerzeugung der Litauischen SSR verdreifachen.

Anlage zur Entsalzung von Meerwasser

Die erste, unter französischer Regie in Afrika erbaute Anlage zur Entsalzung von Meerwasser und gleichzeitig zur Energieerzeugung wurde kürzlich in Nouakchott, der Hauptstadt der Republik Mauretanien, in Betrieb genommen. Sie erzeugt täglich 3000 m³ Trinkwasser. Die dazugehörige Dampfkraftzentrale hat eine Leistung von 900 kW. Eine Erweiterung auf 3600 m³ Süßwasser ist vorgesehen. Der Salzgehalt des Meeres wird dort mit 38 g/l, die Temperatur mit 20 °C angegeben. Der Wärmebedarf beträgt 50 kcal pro kg Süßwasser.

Elementkonzentration im Meerwasser

Seit einiger Zeit kommt den an die marinen Räume der Erde gebundenen Lagerstätten wachsende Bedeutung zu. Im Zusammenhang damit wird die Frage nach den Elementgehalten, der Elementkonzentration und der Gesamtmenge der mineralischen Substanzen gestellt. Nachstehende Tabelle („Glückauf", 9/70) gibt über einige Einzelheiten Auskunft.

	Konzentration im Meerwasser, in mg/l	Gesamtmenge im Meerwasser, in t
Chlor	19000	$29{,}3 \times 10^{15}$
Natrium	10500	$16{,}3 \times 10^{15}$
Magnesium	1350	$2{,}1 \times 10^{15}$
Schwefel	885	$1{,}4 \times 10^{15}$
Kalium		
Kalzium	780	$1{,}2 \times 10^{15}$
Brom	65	100×10^{12}
Strontium	8	12×10^{12}
Fluor	1,3	2×10^{12}
Molybdän	0,1	25×10^{9}
Uran	0,003	5×10^{9}
Zinn	0,003	5×10^{9}
Kupfer	0,003	5×10^{9}
Nickel	0,002	3×10^{9}
Silber	0,0003	5×10^{8}
Kobalt	0,0005	1×10^{9}
Gold	0,000004	6×10^{6}

Kraftwerksbau in Westdeutschland

Wie aus einem Bericht der westdeutschen Bergbau-Elektrizitäts-Verbundgemeinschaft hervorgeht, werden bis 1973 ca. 15500 MW neuer Kraftwerksleistung entstehen. Davon sollen mit Steinkohle 37%, mit Erdöl und Erdgas 32% sowie mit Braunkohle 20% betrieben werden. Der Rest der neuen Werke entfällt auf Kern- und Wasserkraftwerke.

Der Anteil der Kraftwerke, die bis 1971 auf Steinkohlengrundlage neu angefahren werden sollen, ist durch die westdeutschen Verstromungsgesetze noch erheblich. Für die nachfolgenden Jahre ist der Bau weiterer Steinkohlenkraftwerke nicht vorgesehen.

War die Stein- und Braunkohle noch 1968 mit 75,2% an der Energieversorgung Westdeutschlands beteiligt, so zeichnet sich jetzt immer deutlicher ab, daß die Kohle im Konkurrenzkampf der Energieträger in den nächsten Jahren unterliegen wird.

Zu Fragen der Rekultivierung

Geologen, Bergleute, Territorialplaner, Wasserwirtschaftler, Land- und Forstwirte haben sich kürzlich in einer Grundsatzdiskussion auf RGW-Ebene mit den Fragen einer zu entwickelnden Bergbaufolgelandschaft beschäftigt. Die Rekultivierung landschaftlicher Bereiche, die nach dem Abbau von mineralischen Rohstoffen als unnutzbare Territorien zurückbleiben, ist in allen Ländern des RGW als Teilsystem im volkswirtschaftlichen Reproduktionsprozeß zu einer zwingenden Notwendigkeit geworden.

Optimaler Tunnelbau

Ein Datenverarbeitungsprogramm für Arbeits- und Kostenberechnung von Tunnelsprengungen wurde von einem Stockholmer Unternehmen entwickelt. Das Programm berücksichtigt rd. 40 verschiedene Faktoren, einschließlich der Gütebeurteilung des zu sprengenden Felsens, der zu erwartenden Vibration, Form und des Aussehens der Tunnelwände usw. Das berechnete Ergebnis wird auf einem Diagramm eingetragen. Angegeben werden u. a. Lage und Winkel der Sprenglöcher sowie optimale Sprengstoffmenge je Bohrloch. Durch Abstimmung aller Faktoren wird das gewünschte Ergebnis erzielt.

Reliefprägungen von Fossilien

Im Stahlstichprägewerk Weigert in Neuburg an der Donau ist es erstmalig gelungen, von Fossilien Reliefprägungen in Karton herzustellen, die sich nach Ansicht von Geologen und Paläontologen von den Originalen kaum unterscheiden. Die Kartonprägung in Klarsichthülle mit genauer Beschreibung ist vor allem für den Anschauungsunterricht in Schulen gedacht.

Kurznachrichten

Zur Zeit werden 17% der Erdöl- und 6% der Erdgasproduktion der **Welt** aus **Offshorelagerstätten** gewonnen. Für 1980 rechnet man damit, daß 1/3 der Welterdölförderung aus marinen Bereichen kommt. Die Gesamtvorräte der Schelfgebiete werden mit 150 Mrd. t Erdöl angegeben.

Die zweite **Erdölpipeline UdSSR–VR Polen–DDR** soll 1973 fertiggestellt sein. 10 Mill. t Erdöl jährlich werden dann zusätzlich auf diesem Wege an die DDR und die VR Polen geliefert werden.

Anfang 1971 begann die regelmäßige Produktion in dem neuen **Erdgasfeld** Medweshje in **Westsibirien**. Die Lagerstättenvorräte betragen 1500 Mrd. m³ Erdgas. Als erste Förderungsrate sollen 100 Mrd. m³/a erreicht werden.

Nachdem im Bereich der Karpaten einige Bohrungen bereits in Teufen von 500 m auf **Erdölspeicher** gestoßen sind, will die Regierung der **VR Polen** — wegen der Ähnlichkeit der Lagerstätten mit rumänischen und sowjetischen innerhalb der Karpaten — diesen Lagerstätten in den nächsten fünf Jahren besondere Aufmerksamkeit widmen.

Die **Erdöl- und Erdgassuche** in der **VR Bulgarien** konzentriert sich bis 1975 auf die perspektivischen Bereiche der Nizijsker Plattform. Jährlich sollen 10 Strukturen erkundet werden. Man rechnet mit einem Fündigkeitsfaktor von 1:8.

Die **algerische Erdölproduktion** soll in den nächsten vier Jahren um 43% auf insgesamt 65 Mill. t/a gesteigert werden. Das Erdgasaufkommen erhöht sich im gleichen Zeitraum auf schätzungsweise 6,5 Mrd. m³.

Seit 1964 laufen in der Nähe von Truro (Cornwall), **Großbritannien,** Aufschlußarbeiten an einer abbauwürdigen **Zinnlagerstätte**. Die Vorräte sollen 5 Mill. t betragen, der Sn-Gehalt wird mit 1,25% angegeben. Mit einer Förderung von 150000 t pro Jahr soll Ende 1971 begonnen werden.

In der **VR Bulgarien** werden sich die **hydrogeologischen Arbeiten** bis 1975 auf die Erkundung von Grundwasser, Heil- und Mineralquellen und die Erschließung von geothermalen Wässern im Bereich der Struma konzentrieren.

Herausgeber: Zentrales Geologisches Institut im Auftrag des Staatssekretariats für Geologie beim Ministerrat der Deutschen Demokratischen Republik. Für die kollektive Chefredaktion: Dr. K. KAUTER (Redaktionssekretär), Berlin. Redaktion: 1054 Berlin, Zionskirchstraße 34 (Fernsprecher 426001). Verlag: Akademie-Verlag GmbH, 108 Berlin, Leipziger Straße 3–4 (Fernsprecher 220441, Telex 0112020, Postscheckkonto: Berlin 35021). Bestellnummer des Heftes 1047/17/4. Alleinige Anzeigenannahme DEWAG-WERBUNG, 102 Berlin, Rosenthaler Str. 28–31, und alle DEWAG-Betriebe in den Bezirksstädten der DDR. Exportpreis: M 6,—, Sonderpreis für die DDR: M 2,— je Heft. — Satz und Druck: VEB Druckhaus „Maxim Gorki", 74 Altenburg. Veröffentlicht unter der Lizenznummer 1279 des Presseamtes beim Vorsitzenden des Ministerrates der Deutschen Demokratischen Republik, Kartengenehmigung Nr. 809/70.

34114

ABHANDLUNGEN

des Zentralen Geologischen Instituts

Bisher erschienen

D. FRANKE

Stratigraphisches Korrelationsschema für das Silur der Deutschen Demokratischen Republik und angrenzender Gebiete

1964 – 36 Seiten – Anlageband mit 6 Tabellen – Halbleinen 10,– M

Heft 1

10 Jahre Paläontologie. Bericht über das Jubiläums-Kolloquium des Bereiches Paläontologie im Zentralen Geologischen Institut

1965 – 313 Seiten – 12 Abbildungen – 8 Tabellen – 24 Bildtafeln – Halbleinen 15,– M

Heft 2

H. KADO, F. REUTER, G. BACHMANN

Die ingenieurgeologischen Eigenschaften der wichtigsten Lockergesteine der DDR unter Berücksichtigung ihrer Genese und physikalischen Kennzahlen

1966 – 134 Seiten – 107 Abbildungen – 15 Tabellen – Anlageband – Halbleinen 15,– M

Heft 3

Kolloquium aus Anlaß des 15jährigen Bestehens der Arbeitsgruppen Ingenieurgeologie am 20. und 21. Mai 1965 in Berlin

1965 – 97 Seiten – 2 Karten – 22 Abbildungen – 6 Tabellen – Halbleinen 15,– M

Heft 4

D. RAU

Untersuchungen zur Morphologie und Genese der Lößböden im Thüringer Becken

1965 – 71 Seiten – 12 Abbildungen – 14 Tabellen – Halbleinen 10,– M

Heft 5

I. DIENER

Stratigraphisches Korrelationsschema für die Kreide der Deutschen Demokratischen Republik und angrenzender Gebiete

1966 – 137 Seiten – 6 Abbildungen – 3 Text-Tabellen – 12 Anlagen-Tabellen – Halbleinen 15,– M

Heft 6

H. PFEIFFER

Stratigraphisches Korrelationsschema für das Devon der Deutschen Demokratischen Republik und angrenzender Gebiete

1967 – X und 74 Seiten – 1 Abbildung – 4 Text-Tabellen – 5 Anlagen-Tabellen – 1 mehrfarbiges Profil – Halbleinen 15,– M

Heft 8

H. DÖRING, W. KRUTZSCH, D. H. MAI, E. SCHULZE

Erläuterungen zu den sporenstratigraphischen Tabellen vom Zechstein bis zum Oligozän

1966 – 149 Seiten – 8 Anlagen-Tabellen – Halbleinen 15,– M

Heft 9

Instruktion für die Anfertigung einheitlicher ingenieurgeologischer Grundkarten

1967 – VIII und 35 Seiten – Farb- und Zeichenerklärung – 9 Anlagen – Halbleinen 15,– M

Heft 10

Klimaänderungen im Tertiär aus paläobotanischer Sicht

1967 – LII und 228 Seiten – 28 Abbildungen – 11 Bildtafeln – Halbleinen 30,– M

Heft 11

H. KÄSTNER

Zur Geologie der Kalisalz- und Kohlensäurelagerstätten im südlichen Werra-Kaligebiet

1969 – XI und 96 Seiten – 23 Abbildungen – 2 Tabellen – Halbleinen 25,– M

Heft 13

P. PUFF

Über den Unteren Buntsandstein am Südrand des Thüringer Beckens

1969 – VII und 97 Seiten – 25 Abbildungen – 13 Tabellen – Halbleinen 25,– M

Heft 14

Autorenkollektiv

Engineering-Geological Mapping in the Countries of the Council of Mutual Economic Aid

1968 – X und 148 Seiten – 28 Abbildungen – 6 Tabellen – 10 Anlagen – Halbleinen 30,– M

Heft 16

H. LANGE, C. SCHRÖTER

Bibliographie der geologischen Wissenschaften für die Deutsche Demokratische Republik, Veröffentlichungen des Jahres 1967

1969 – 279 Seiten – Halbleinen 40,– M

Heft 18

Sporenpaläontologischer Sammelband

1971 – XXXI und 224 Seiten – 36 Abbildungen – 3 Tabellen – 43 Bildtafeln – Halbleinen 60,– M

Heft 20

H. LANGE, C. SCHRÖTER

Bibliographie der geologischen Wissenschaften für die Deutsche Demokratische Republik, Veröffentlichungen des Jahres 1968

1970 – 305 Seiten – Halbleinen 40,– M

In Vorbereitung befinden sich

Heft 15

H. PFEIFFER

Stratigraphisches Korrelationsschema für das Dinant der Deutschen Demokratischen Republik

Heft 17

C. ADAM

Beiträge zur Kenntnis der Kaoline und Tertiärtone in Nordostsachsen

Heft 19

P. KRÜGER

Die Verteilung der Schwefelisotope in sedimentären Eisensulfiden unter Berücksichtigung der Redoxbeziehungen im Bildungsraum

Heft 21

H. WIEFEL

Die geologische Entwicklung der Lahn-Dill-Erzlagerstätte Görkwitz bei Schleiz (Oberdevon und tiefes Dinant, Thüringisches Schiefergebirge)

Bestellungen nimmt die Vertriebsstelle des Zentralen Geologischen Instituts, 104 Berlin, Invalidenstraße 44, entgegen.

Bei Fragen zur Produktsicherheit wenden Sie sich bitte an:
If you have any questions regarding product safety,
please contact:

Walter de Gruyter GmbH
Genthiner Straße 13
10785 Berlin
productsafety@degruyterbrill.com